CONTAINER GARDEN

# 容器里的小花园

## 四季组合盆栽设计与种植

（日）黑田健太郎　著

朱悦玮　译

北方联合出版传媒（集团）股份有限公司
辽宁科学技术出版社

# 前言

　　盆栽园艺（组合盆栽）是一种即使没有院子或者宽阔的空间，也能享受的园艺种植方式。把喜欢的花种到与其相搭配的花盆中，然后装饰在玄关或阳台处供人观赏，是一件非常开心的事。

　　经常能够听到一些初学者说想要尝试组合盆栽，但是不知道应该选择什么样的植物以及应该怎样搭配……

　　首先要选择花期较长的花，然后再考虑花盆的大小和可以种植几株。比如说，如果是直径30cm的花盆，就可以准备3株喜欢的三色堇，再搭配与其花色相匹配的1～2株观叶植物。本书中的组合盆栽基本上都是这种类型。种类精简一些，不需选择太多，越是简约，越是能凸显出各自的美。

　　本书介绍了能够最大限度地观赏各种花卉，以及在花盆和色彩搭配上更加讲究的各种组合盆栽。希望本书能够对大家的园艺造型有所启发。组合盆栽一定会给我们的生活带来更多的色彩。让我们来享受这独属于自己的容器里的小花园吧！

# 目录

四季组合盆栽展示

春

夏

秋

冬

第1章　AUTUMN~EARLY SPRING

# 从秋天开始一直观赏到早春

# 从秋天到冬天的植物选择方法

## 享受独属于这个时期的植物吧

　　一年之中，我都会在店里接触各个季节的植物，从秋天到冬天这段时期，是一些易于搭配的经典花草陆续上市的季节。并且，这个时期植物的生长比较缓慢，可以发挥改造的空间也比较大。从秋天到冬天这段时期非常适合发挥想象力，像是这种花卉要搭配什么样的观叶植物，或是找到了一个比较心仪的花盆要用什么样的方式种什么植物比较好这类的……可以用各种各样的方法来"选择植物"。

　　因为这一时期正好也是植物剪枝的季节，所以也经常可以使用从树上剪下来的枝条或是藤蔓来作为搭配。因为都是植物，所以搭配起来也没有不协调感，只是加入一点就能瞬间营造出自然感。不是把植物种到花盆里就结束了，像这样加入一些玩乐之心也非常有趣。

## 组合盆栽大小皆宜

　　说起从秋天到初冬这段时间花草的代表，当属三色堇和角堇。从秋天开始会售卖很长时间，如果有自己想要入手的品种，就多去园艺商店看一看。

　　因为这个时期就算把苗株种得紧凑一些也不要紧，所以有时候就会想要用偏大的花盆种植一些组合盆栽。我个人来说比较喜欢在小花盆里只种一株花苗，然后再把这些小花盆搭配在一起成为一个组合盆栽这种方式。种植方法很简单，即使在小空间内也可以实现，还可以按照自己的喜好进行装饰，所以我个人非常推荐。

# 没有理由
# 不使用三色堇！

经常卖断货的"安托瓦内特的礼服"是一种款奢华、存在感强，同时还非常高雅的三色堇。

鸡爪花的藤蔓可以伸展出来，在组合盆栽中能发挥非常大的作用。如果在园艺商店看到了，一定要立刻入手。

## 应季的褶边三色堇十分可爱！

褶边三色堇非常受女性欢迎，我店里的也是很快就售罄了。它的褶边可以非常直接地展现出可爱感。虽然只有淡色也很漂亮，但加入一株色调较浓的就更能起到点睛作用。观叶植物只选择两种，尤其粉色系的花朵与朝雾草是绝配。这是一款非常简单且容易种植的组合盆栽，所以希望大家也都可以尝试模仿一下。

**【植物清单】**
A 三色堇"安托瓦内特的礼服"
B 三色堇"穆夏"
C 银叶菊
D 鸡爪花"四照花"

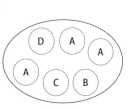

**花篮的大小：**
30cm×20cm，高度 13cm

## 营造如同花束一般圆润且高矮一致的组合盆栽

　　如果想要制作一款无论从哪个角度看都很漂亮的三色堇组合盆栽，不妨尝试一下这个球形的花篮。虽然是球形，但在种的时候还是需要注意顶点和正面这些角度的。用这种种植方法，即便是很常见的三色堇也一样能变得更加可爱。此时植株的高度不要弄得参差不齐，最好统一，这样更能保证成品效果。在此之上加入一些叶茎伸展较长的观叶植物，使其与花朵互相缠绕，会更有氛围感。

【植物清单】
A 三色堇 "德尔塔纯橘"
B 三色堇 "桃红渐变"
C 角堇 "佩尼紫罗兰"
D 角堇 "佩尼玫瑰胸针"
E 鸡爪花 "四照花"
F 牛至 "玛格丽特"
G 常春藤 "匹兹堡"
H 粗毛矛豆 "硫黄之火"

**花篮的大小：**
直径 32cm，高度 24cm

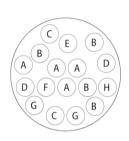

三色堇价格适中，可以没有负担地大量使用，这也是它的一个优势。

观叶植物是在其他组合盆栽中使用过的，可以重复利用。

13

## 用紫色和黄色的对比色来营造张弛有度的效果

这款盆栽的主角是漂亮的淡紫色小花三色堇，所以将种植盆刷成了对比色柠檬黄来营造张弛感。观叶植物选择了不过于显眼的小叶类型，以此来营造自然的氛围。上方伸展而出的榄叶菊和粗毛矛豆可以营造出跃动感，匍匐筋骨草和牛至类的黄色系可以营造出鲜艳感。通过加入白色小花的香雪球就能起到点睛的作用。

【植物清单】
A 三色堇"糖果电波"
B 香雪球
C 常春藤"魔果"（分成 3 株）
D 榄叶菊"小烟雾"
E 百里香"福克斯利"
F 牛至"诺顿黄金"
G 粗毛矛豆"硫黄之火"
H 匍匐筋骨草"黄金青柠"

**木质种植盆的大小：**
38cm×14cm，高度 12.5cm

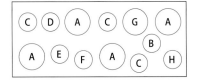

盛开的蝴蝶边"糖果电波"。
每一朵花色都是浓淡不同的
紫，吸引人心。

**LEAF 🍃 COLLECTION** 多使用一些观叶植物吧！

**增添鲜艳感** ———————

匍匐筋骨草"黄金青柠"

牛至"诺顿黄金"

**营造跃动感** ———————

粗毛矛豆"硫黄之火"

榄叶菊"小烟雾"

有着多彩花色的三色堇。能够使其魅力得以散发的是什么样的观叶植物呢？找到比较适配的组合吧！

衬托主角的朝雾草，将粉色营造得更加时尚可爱。

将银叶菊种到前面比较显眼的地方，像是蝴蝶结一样起到点睛的作用。

虽然只有一种三色堇，但选择的是每一株颜色都不同的品种。所以既有浓重的玫瑰色，也有淡粉色，可以享受这种颜色的渐变感。而让这种花色美感更加生动、更加时尚的就是朝雾草。花篮也刷成银灰色，营造成比较有氛围感的组合盆栽。即使是与整体氛围不太搭配的花盆，只要涂上颜色，它的风格也就会发生转变，非常有趣。

盛开的蝴蝶边"玛丽琳"。每一个花株颜色的浓淡都各不相同，让人难以想象是同一品种。

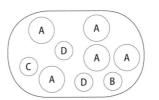

**【植物清单】**
A 三色堇"玛丽琳"
B 银叶菊
C 宽萼苏
D 瓦伦汀小冠花（分成 2 株）

**花篮的大小：（种植部分）**
26cm×18cm，高度 14cm

有韵味、色彩优雅
的角堇"雪纺桃",
与雅致的叶色非常
搭配。

粉红色系的角堇颜色温柔,是比较低调的一种花。大量加入金鱼草或茜草这种带橙色偏黑色的观叶植物,就可以凸显出花色的淡雅。根据花色选择的花盆,单独来看可能会觉得有点老旧,但是通过加入一些雅致的观叶植物,整体风格就会变得更加复古,产生一体感。垂落下来的金钱草的枝茎为整体增添了跃动感。

【植物清单】
A 角堇"雪纺桃"
B 金钱草"波斯巧克力"
C 金鱼草"勃朗胭脂月"
D 茜草"秋榛"
E 黑龙
F 茜草"铜色光辉"

花盆的大小:
直径 25cm,高度 15cm

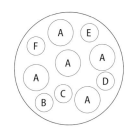

淡雅温柔的花色,可以使用一些暗色系的观叶植物来增加感官印象。

LEAF ❧ COLLECTION
多使用一些观叶植物吧!

金鱼草"勃朗胭脂月"

茜草"秋榛"

茜草"铜色光辉"

花朵较大，鲜艳的黄色搭配黑色"斑纹"，让人印象深刻的"黄斑"。

**多使用一些观叶植物吧！**

黑色细叶的黑龙

**与种植盆的"黑色"相搭配**

茶红色细叶很优美的新西兰麻"红"

能够衬托黑色的青柠色细叶美女樱"奥蕾雅"

枝茎让人印象深刻的金钱草"波斯巧克力"

有白色花纹，光泽感十足的茜草"大理石皇后"

# 充分利用植物的高低差营造生机勃勃的组合盆栽

大一点的种植盆，就可以当作花坛去设计了。这次的设计充分地活用了植物的高低差。后方种植的是植株较高的新西兰麻。高度达到花盆的两倍以上会更加帅气。接着中央部分种植的是中等高度的紫罗兰和日本茵芋。作为主角的三色堇选择的是与紫罗兰的紫红色比较搭配的黄色类型。搭配的数量比较多，打造一款整体风格比较华丽、跃动感十足的组合盆栽。

**【植物清单】**

A 三色堇"黄斑"

B 紫罗兰

C 日本茵芋"枫崎"

D 新西兰麻"红"（麻兰）

E 木藜芦"卷红"

F 茜草"大理石皇后"

G 金钱草"波斯巧克力"

H 黑龙

I 细叶美女樱"奥蕾雅"

**种植盆的大小：**

45cm×20cm，高度 16cm

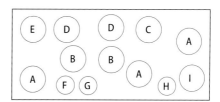

角堇与观叶植物交错种植
描绘永恒。

小花的角堇与大花的三色堇，
用能够分别凸显彼此魅力的装饰方法，
一直欣赏到春天吧！

一株花朵非常小的角堇。花朵是浓淡各异的黄色，非常可爱的"格布拉专属角堇"（下右）和有着紫黄双色的"小珂妮"（下左）。

　高度较矮的角堇很适合做花环，这次使用了非常受欢迎的超小花品种。黄色和双色两种类型交错搭配，中间种植一些青柠色和带白纹的观叶植物。为了搭配花朵，观叶植物也选择了小叶爬生的类型，这样会更加合适。伸展出来的细叶黑龙为花环整体带来了变化，增添了童心。当花环的内外围有枝茎长出来后就要及时剪掉，保持圆形的整体造型。

【植物清单】
A 角堇"格布拉专属角堇"
B 角堇"小珂妮"
C 白玉草"斑叶木槿"
D 黑龙
E 南芥"斑叶"
F 牛至"诺顿黄金"
G 忍冬草"白色魔法"
H 百里香"福克斯利"

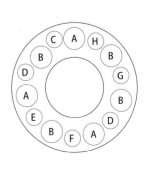

花篮的大小：
直径 30cm，宽度 8cm，高度 9cm

## 用柠檬黄为常见的红色三色堇转变风格吧！

三色堇繁茂的样态也非常推荐用于悬吊式花篮。特别是红色的三色堇温暖感十足，特别适合冬天。但是只有红色的话就会有一点暗。通过搭配柠檬色的三色堇，就能更好地彼此衬托。从花盆中垂落飘动的是常春藤和香雪球。选择有斑纹或是青柠色的观叶植物，整体风格就会更加亮丽鲜艳。

**【植物清单】**

A 三色堇 "红斑"
B 三色堇 "纯柠"
C 香雪球 "霜夜"
D 灰调甘蓝 "凡多姆"
E 常春藤 "天使"
F 常春藤 "鸭脚"

**花篮的大小：（种植部分）**
直径 26㎝，高度 20㎝

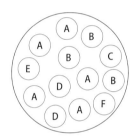

"红斑"（上）素雅的红色中央的花纹（斑纹）以及清爽柠檬黄的"纯柠"（下）让人印象深刻。

## 冬季玄关处的装饰可以延续到春天

　　冬季也一直盛开的角堇，非常适合开缝的悬吊式花篮。这次我整体使用了白色，非常清爽。很常见的角堇也变得非常漂亮。在此之上再加入一些屈曲花使整体更加生动。观叶植物选择的是朝雾草，可以更好地衬托白色的花朵。中央位置的左右两边搭配的是存在感极强的银叶菊和甘蓝。这样形状统一，颜色的对比会更有戏剧效果。

随着植物慢慢生长，悬吊式花篮的形状就容易变成四角形。这时候就要把伸展出去的枝茎剪掉，保持住圆形，也不要忘记修剪花朵。

※这个悬吊式花篮的植物名和种植图、种植方法，在书中第24~25页进行介绍。

## 将大小不同的两个花盆摆在一起共同营造一个景观

当我们找到了心仪的角堇之后，就可以进行色彩上的搭配。主角是蓝色的角堇，陪衬的配角就选择金茶色的角堇。蓝色的花瓣搭配上青柠绿色的叶子，可以增添整体的鲜艳感。金茶色的花选择同色调的叶子，就能营造出更沉稳的氛围。将彼此的角色都分配好之后再种植，摆在一起时就会更加协调优美。花盆的大小也可以改变，这样更有利于整体的统一。

白边的衬托下蓝色更显优美的"横滨精选喇叭蓝"（上）和色彩雅致的"横滨精选金茶"（下）。

**【植物清单】**

右：A 角堇"横滨精选喇叭蓝"
　　B 珊瑚铃"柠檬至上"
　　C 金钱草"丽希"

**花盆的大小：**
直径 18cm，高度 12cm

左：D 角堇"横滨精选金茶"
　　E 酢浆草"黄昏"
　　F 金钱草"极昼"

**花盆的大小：**
直径 15cm，高度 9cm

# 角堇和屈曲花的悬吊式花篮

开缝的悬吊式花篮最大的魅力在于，它不仅是可以从上面进行种植，还可以从侧面的缝隙进行种植，这样就能够组成一个漂亮的球体。花苗稍微干一些会更好操作。我来为大家介绍一下想要制作出更漂亮的形状应该按照怎样的顺序操作以及制作时的小窍门吧。

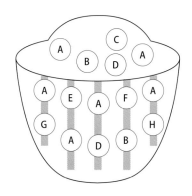

## 准备物品

开缝的花篮

营养土、缓释型颗粒肥、培土工具

A 角堇"纯白"6株

B 屈曲花"婚礼花束"2株

C 榄叶菊"小烟雾"1株

D 常春藤"凯夫人"1株（分成2株）

E 银叶菊1株

F 灰调甘蓝"凡多姆"1株

G 香叶棉杉菊1株

H 鳞叶菊1株

花篮的大小：26cm×17cm，高度20cm

## 开缝的悬吊式花篮的基本操作方法

搭配有能够遮盖住花盆缝隙部分的带黏胶海绵。

不要碰到黏胶部位！

将带黏胶的海绵从内侧粘住花盆的缝隙。高度略高于花盆高度，这样在浇水的时候就能防止土壤流出来。

在海绵表面的黏胶部分抹上土，使其融为一体。为了插入花苗时，不让叶子和花茎粘到黏胶部位，一定要把土抹匀。

**1** 先在花盆中倒入2cm左右的土，然后加入缓释型颗粒肥。

**2** 轻柔地将根搓开，使其变细，大约到2/3的程度。每次移栽的时候都要这么做。

前 → 后

**3** 在下侧种植花苗。将花苗从缝隙的上端插入，快速移送至下端。注意不要让叶子和根茎进入缝隙内。

保留浇水空间（大约 2cm）

**8** 剩余的侧面上端的2处，用与❼相同的方法种植观叶植物的苗株，完成后加土。根部稍微漏出来也可以。

**4** 将常春藤分成两株。拿住根部，像掰开包子一样轻柔地将其一分为二。

**9** 在上面种植花苗，找到侧面上端种植的花苗之间的缝隙，边挖土边种。

**5** 将❹中一分为二的常春藤藤蔓较长的那株种植到下侧的中央部位。下侧的两端种植观叶植物的苗株。

**NG** **OK!**

**10** 为了与侧面种植的花相连，花苗种植时的角度要像是搭在缝隙边缘一样。这样就可以做出一个更加漂亮的球形。

**6** 加土直至下侧种植的植物的根部能够盖起来为止。

**11** 种植结束。轻轻地压土让根部稳定。调整藤蔓的走向，整体营造出圆球感。

**7** 侧面的上端、中央和两端这3处都种植花苗。

**12** 种植完成后立刻轻柔地从上方把水浇透。之后在土壤干燥枯时就用同样的方式浇水。

# 用途广泛的仙客来

先决定好植物的种类，插入枝条定下
大框之后再开始种植，更容易把控整
体的形状。

**【植物清单】**
A 仙客来"妖精皮可"
B 日本茵芋"卢贝拉"
C 甘蓝"维维安碧斯杰"
D 薹草"青铜女孩"
E 欧石南"瓦莱丽格里菲斯"

**种植盆的大小：**
60cm×23cm，高度23cm

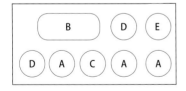

## 用枝条和爬山虎将植物们覆盖

　　将重瓣的仙客来汇集在一起，用红紫色的甘蓝和日
本茵芋作为点缀，营造出整体偏暗色调的氛围。用薹草
营造出跃动感，再将剪好的枝条插到两侧，中央用爬山
虎来收尾，就变成了像是包裹着植物的"窑洞"一般。
当使用矮植物较多时，整体就会变得没有立体感，这时
候可以活用周围的植物，使整体更加自然。

直到春天为止基本都是同一姿态，可以长时间
观赏的仙客来。将红紫色的重瓣花汇聚到一
起，使整体更加雅致。

## 能够凸显原种仙客来叶子花纹的小花环

　　这次的仙客来是比较朴素的类型（笑）。因为想要观赏它的叶子花纹，所以选择的不是华丽的园艺品种，而是原种仙客来。为了把自然材料制成的环形花盆嵌入复古风的边框内，在种植之前先用手将正圆形的花环压成椭圆形。通过这种修整也营造了独特性。拍照那天凑巧常春藤叶仙客来的花开了，但是即便没有花也不要紧。让我们好好地观赏叶子的美吧！

自然材料制成的花环用手按压就能改变它的形状。

**【植物清单】**
A 仙客来"科慕"
B 常春藤叶仙客来
C 匍匐筋骨草"花火"
D 景天"龙血"
E 千叶兰"黑桃"

**花环的大小：**
17cm×27cm，高度 6cm，种植宽度 6cm

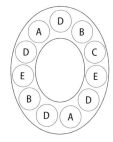

原种仙客来的叶子样式非常丰富，充满魅力！

用景天和千叶兰来衬托原种仙客来"科慕"那圆圆的、可爱的叶子。

## 主题3

# 对不停进化的
# 羽衣甘蓝着迷！

使用了叶子的颜色和形状各不相同的3种羽衣甘蓝。飘逸的白色系是"涂鸦"，紫色系是"飘逸罗马尼"，像玫瑰花一般的是"壁裂"。

## 活用高低差产生跃动感，宛如羽衣甘蓝的宝箱！

　　单独一株的羽衣甘蓝，叶子的部分也非常饱满，形态多样。充分活用彼此间的高度差，就能够观赏到飘逸的侧脸和犹如玫瑰般层层包裹的姿态，享受其多样的魅力。这是羽衣甘蓝独有的特性，明明是叶子却又有艳丽的存在感。种植盆的盆盖用木棍支撑呈半开状。正因为有这个盆盖，才能感受到羽衣甘蓝那仿佛要飞冲出去一般的跃动感。

**【植物清单】**
A 羽衣甘蓝"壁裂"
B 羽衣甘蓝"涂鸦"
C 羽衣甘蓝"飘逸罗马尼"
D 银叶菊
E 牛至"玛格丽特"
F 百里香"福克斯利"
G 常春藤"凯夫人"

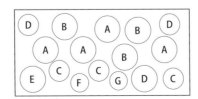

**木质种植盆的大小：**
48cm×23cm，高度15cm

---

专栏

### 花苗有两种类型

有高度的单独一株花苗（右）和一盆中有5株左右又矮又小的花苗（左）。可以根据自己想要做的组合盆栽来区分使用。无论是哪一种在寒冷的时期都不会生长，所以可以很好地保持形状。

# 用自然材料改造而成的花盆，如鸟巢一般

　　找到一个带腿的花盆，但是它的深度不足够种植植物，于是使用爬山虎为花盆营造了一个侧面。像是鸟巢一般的花盆里，我感觉无论种点什么都会比较可爱，最后选择了纹理比较漂亮的羽衣甘蓝。在寒冷的时期它是不会生长的，所以可以长时间地观赏其如同花朵般的叶子。

在雅致的羽衣甘蓝中加入亮丽的忍冬草。

用钻头在花盆的底部钻出孔后，用金属丝将盘成圆形的爬山虎固定（上）。铺上棕榈丝之后再填土种植植物（下）。

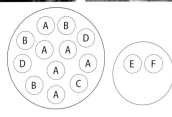

**【植物清单】**

A 羽衣甘蓝"古董贝因"
B 灰调甘蓝"凡多姆"
C 忍冬草"奥蕾雅"
D 千叶兰"射灯"
E 千叶兰"黑桃"
F 茜草"彼特森黄金"

**容器的大小：**

（大）直径 28cm，高度 23cm
（小）直径 21cm，高度 14cm

# 用蝴蝶边的羽衣甘蓝和小花营造出十足的"可爱"！

　　想要直接展现犹如蝴蝶边般起伏生长的羽衣甘蓝的可爱感，所以选择了小花进行搭配。选择的是甜蜜香雪球。羽衣甘蓝是粉色系，所以搭配了白色和紫红色的香雪球各一株。加入少量的白色，就可以凸显粉色的可爱。当然，种到哪里也很重要。蓝色的花篮可以在"可爱"中增添优雅感，是绝佳的搭配。

【植物清单】

A　羽衣甘蓝"闪光桃子"
B　羽衣甘蓝"贝娜"
C1　甜蜜香雪球"白"
C2　甜蜜香雪球"紫红"
D　蜡菊"迷你青柠"
E　常春藤"夏尔曼"（分成 4 株）

花篮的大小：
32cm×23cm，高度 16cm

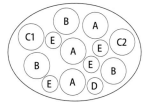

羽衣甘蓝有两种。分瓣绽放如绉绸般的"闪光桃子"（上）和舒缓起伏的紫色"贝娜"（下）。叶子的脉络都很漂亮。

一带褶皱的、飘扬的、
波动起伏的、个性十足的叶子
的魅力要如何观赏呢？

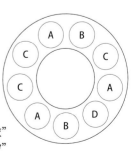

相邻的羽衣甘蓝。没有光
泽但带比较有质感的黑色
的是"烟雾"（上），紫色
系华丽的是"贝娜"（中
央）。

※ 使用的壁挂台的制作方法在第 123~125 页进行介绍。

## 汇聚了多个受欢迎的品种，营造出甜美感和轻盈感

　　使用的植物只有羽衣甘蓝和三色堇。这种时候，植物的摆放就会决定整体的美感。首先将亮丽的羽衣甘蓝和黑色系的羽衣甘蓝放在相邻的位置上，让他们的颜色互相衬托。点睛的黄色三色堇放在黑色羽衣甘蓝的旁边。黑色和黄色搭配非常时尚。在羽衣甘蓝上添加三色堇的柔和感，更能增添一丝随风摇曳的轻盈感。

【植物清单】
A 羽衣甘蓝 "贝娜"
B 羽衣甘蓝 "烟雾"
C 三色堇 "天之羽衣"
D 三色堇 "糖果电波"

**花篮的大小：**
直径 30cm，宽度 8cm，高度 9cm

将羽衣甘蓝独有的颜色营造得更帅气！更时尚！

**【植物清单】**

A 羽衣甘蓝"复古花束"
B 羽衣甘蓝"萌花"
C 灰调甘蓝"凡多姆"
D 百里香"福克斯利"
E 细叶麦冬
F 牛至"宝格丽"
G 匍匐筋骨草"小巧克力"

**框架的大小：**

外框 36cm×41cm，
种植部分 20cm×26cm，高度 11cm

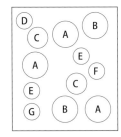

羽衣甘蓝是圆叶叶子的『萌花』（下）和有蝴蝶边的『复古花束』（上）。颜色非常相近。

## 有立体感的装饰方法非常新颖，羽衣甘蓝的跃动艺术

使用羽衣甘蓝创作了框架艺术。选择了两种颜色相近但形状不同的羽衣甘蓝随机种植。中间的缝隙用有细锯齿的灰调甘蓝进行连接，营造出高雅的氛围感。用铺展开的细叶麦冬来营造出跃动感。立起来装饰的时候，重心下移让平衡感会非常好。植物不要遮盖到边框，会显得更帅气。

将框架安装到深度 11cm 的盒子上，加入土壤后进行种植。

## 在黑色的羽衣甘蓝上搭配紫色，成为充满品位感的壁挂盆栽

暗色系的羽衣甘蓝具有时尚感，通过薰衣草色的报春花"朱利安"来衬托它的雅致与奢华。这种报春花也是像玫瑰般绽放的品种，和羽衣甘蓝的叶子形状非常相似。将这样相同形状的植物相邻而种，更能凸显出羽衣甘蓝的魅力。在此之上再加入银叶菊和榄叶菊等银色叶子，更能营造出一种深邃感。

亚光暗色系的颜色非常吸引眼球,羽衣甘蓝"烟雾"与银色系非常搭配。

【植物清单】
A 羽衣甘蓝"烟雾"
B 报春花"朱利安"
C 屈曲花
D 榄叶菊"小烟雾"
E 金鱼草"甜桃"
F 银叶菊
G 宽萼苏
H 常春藤"丽莎"
I 野芝麻"标准纯银"

**花篮的大小：**
25cm×18cm，高度 19cm

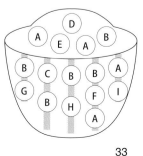

# 用长椅式种植盆来享受
# 四季轮回

## 种植在长椅式种植盆中，让人联想到春天充满活力的花田

　　植物种植在什么地方，很大程度上就决定了组合盆栽的方向性。这个是我店里原创设计的长椅式种植盆。这次我们把木工用的油漆进行了混合，刷成了介于蓝色和绿色之间的明亮颜色。因此虽然是晚秋，也可以加入很多有春天气息的有活力的花色，选择不同高度的植株，使其错落混合。这样就营造出了多种多样植物混合在一起的热闹花田。

为了使其看起来更加鲜艳，用观叶植物搭配了明亮的青柠色系，特别是蓝色系的花非常显眼。

刷漆之前的长椅式种植盆。刷上颜色之后整体的风格焕然一新。长椅有靠背，所以也可以选择一些爬蔓植物。

【植物清单】
A 银莲花"欧若拉"
B 三色堇"如画般的堇菜 太阳"
C 三色堇"如画般的堇菜 海洋"
D 角堇"小梅桃香"
E 角堇"铜"
F 三色堇"如画般的堇菜 米勒"
G 角堇"佩尼 樱草色"
H 角堇"科琳娜 土褐色"
I 茉莉"菲欧娜日出"
J 薹草"霜卷"
K 珊瑚铃"蝶边柠檬"
L 匍匐筋骨草"粉色精灵"
M 茜草"秋榛"
N 三色堇（橙色）

种植盆的大小：（种植部分）
71cm×32cm，高度9cm

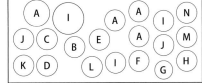

为了搭配羽衣甘蓝的古董调紫，将长椅刷成了蓝色。为了衬托长椅和羽衣甘蓝，选择了明亮的黄色系的观叶植物进行搭配。

## 从远处看也非常吸引眼球的庭院的美丽象征！

　　长椅式种植盆简单来说就是一个可以移动的花坛。因为有靠背部分，所以设计时植物可以正好收进去会比较好。这种种植盆非常能够体现高株羽衣甘蓝的跃动感。可以着重营造高低差，设计为两边低、中间高的样式。这次是以庭园为设想的庭园盆景风格，所以会在植物之间留出缝隙，铺上一些小木片。

### 【植物清单】

A 羽衣甘蓝 "恋姿"
B 羽衣甘蓝 "第一夫人"
C 羽衣甘蓝 "萌花糖渍"
D 三色堇 "玛丽琳"
E 角堇 "戚风桃子"
F 野草莓 "黄金亚历山大"
G 茜草 "铜色光辉"
H 匍匐筋骨草 "黄金青柠"
I 匍匐筋骨草 "迪克西晶片"
J 爱沙木 "毛绒"

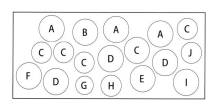

### 种植盆的大小：（种植部分）

71cm×32cm，高度 9cm

# 冬天就靠报春花吧！

## 越是在冬天，越能凸显报春花的"蓝"

　　12月以后也请去逛一逛园艺商店吧。三色堇和角堇都退场之后，店里面就轮到报春花登场了。我从颜色多样的报春花中选择了蓝色系的花，制作了"蓝色系组合盆栽"。有颜色的渐变，有条纹，蓝色的褪色感也是多种多样的，整体氛围非常有季节感（笑）。

报春花的高度基本相同，所以会整体缺少一些立体感，此时的要点就是用观叶植物来营造"凹凸感"。

【植物清单】

A 多花报春"发现条纹"
B 多花报春"纯白彩虹"
C 报春花"朱利安"
D 三色堇"清纯淡蓝"
E 三色堇"清纯紫罗兰"
F 马来麦冬
G 蜡菊"银雪"

H 榄叶菊"小烟雾"
I 银叶菊
J 常春藤"雪之妖精"
K 千叶兰
L 千叶兰"射灯"

花篮的大小：
60cm×22cm，高度21cm

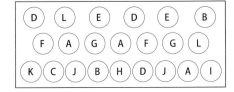

选择看起来犹如花瓣一般的多肉植物作为中心进行种植，在缝隙中铺上砂藓。除了砂藓之外，还搭配了干银藓。

# 自己动手设计，让多肉植物更加有趣

## 将多肉植物和抗旱的砂藓改造成庭院盆栽风

　　多肉植物和苔藓，乍一看好像各自喜好的环境并不相同。但是砂藓喜欢干燥，而且冬天多肉植物几乎不用浇水，所以我就试着将它们组合到了一起。日常打理就是用喷壶将砂藓的部分淋湿就好。因为主题是"多肉植物的庭院盆栽"，所以没有种植得比较稀疏，也没有太密集。这样的话，就算是不太擅长养多肉植物的人，应该也没问题吧？

**【植物清单】**

A 若歌诗（青锁龙属）
B 树冰（密叶莲）
C 莱斯利（拟石莲花属）
D 少女心（景天）
E 堇牡丹（拟石莲花属）
F 醉斜阳（青锁龙属）
G 黛比（风车石莲属）
H 达摩福娘（银波木属）
I 立田（厚叶莲属）

**盒子的大小：**
44cm×32cm，高度 15cm

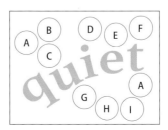

37

因为拥有犹如蝴蝶成群飞舞般盛开的姿态和多彩有韵味的花色而大受欢迎的"巴比伦世界"。

# 将大小形状各异的花盆集合到一起！

## 紫色、粉色、黄色，享受各自的花色

如果想要观赏一株角堇本身的可爱，那么组合盆栽的形式会比较好。使用不同尺寸的花盆还能营造出立体感……搭配与角堇的叶色不同的观叶植物，更能增添花色的魅力。加入青柠绿色更能体现出春天感。角堇的花色很丰富，最多选择三种颜色会更漂亮。铁皮花盆本身会有一种清冷感，所以重新刷成了暖色系的颜色。

**【植物清单】**
A 角堇"巴比伦世界"
B 蜡菊"迷你青柠"
C 金鱼草"甜桃"
D 瓦伦汀小冠花
E 澳洲迷迭香"晨光"
F 玉龙

**花盆的大小：**
a 直径 10cm，高度 12cm
b 直径 9cm，高度 9cm
c 直径 11cm，高度 17cm
d 16cm×11cm，高度 16cm

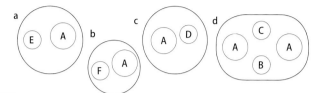

使用瓦伦汀小冠花那种有高度的彩色叶子作为背景，在角堇的缝隙间若隐若现，整体表情非常生动。

## LEAF COLLECTION
## 多使用一些观叶植物吧！

**蜡菊"迷你青柠"**

**玉龙**

**澳洲迷迭香"晨光"**

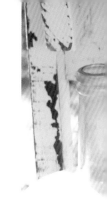

## 将单株的植物集合到一起，装进复古风的箱子

　　思考复古风的箱子应该怎么应用，最后还是搭配成了组合盆栽的形式。有一些植物是不太想混栽的类型，比如说圣诞玫瑰（鹿食草）之类的。直接把它连同花盆一起放进去，就能观赏到与以往不同的氛围。这次箱子中放完花盆后，又在其缝隙中加入了枝条，以此来营造自然感。

比组合盆栽更易于上手的组合花盆形式。

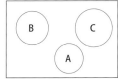

```
B       C
    A
```

【植物清单】
A 紫罗兰
B 臭嚏根草
C 鹿食草 "冬铃"

**箱子的大小：**
48cm×32cm，高度 25cm

**花盆的大小：**
A 直径 14cm，高度 14cm
B 直径 12cm，高度 19cm
C 直径 18cm，高度 19cm

## 让心仪的花苗变得更可爱的装饰方法

在花园的桌子或架子上，把一些单株的小花盆聚集到一起打造组合盆栽。虽然操作很简单，但它的装饰方法却非常深奥，我现在正痴迷其中。像是一些比较罕见的角堇等，与其特意去做成组合盆栽，还不如直接单株种植，反而更能凸显其魅力。可以在杂货配饰上讲究，也可以偶尔改变一下它的放置地点和排列，这样也非常有趣。

### 【植物清单】

A 樱花草
B 多花报春"发现条纹"
C 角堇"新浪潮派"
D 角堇"小珂妮"
E 匍匐筋骨草"粉色妖精"
F 欧石南"瓦莱丽格里菲斯"
G 帚石南"花园女孩"＋彩桃木"魔法龙"

### 花盆的大小：

直径 6.5~16cm；高度 8~21.5cm

使用托盘，整个空间就能产生统一感，瞬间提升一个档次。

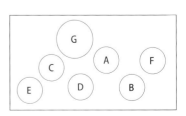

## 花期较短的球根类花卉就在屋子里欣赏吧

　　这个是组合盆栽的室内版本。将寒冷的季节里摆在店内的发芽球根移种到小花盆里，然后摆放在盘子上。特别是风信子等有香味的植物，放到屋子里还能享受它的香气。花盆也相应地选用复古风格。通过选择花盆和装饰场所、营造氛围感等，这种身边常见的植物也能变得很时尚。

【植物清单】

A 风信子

B 仙客来

C 麝香兰

D 日本水仙

E 报春花"朱利安"

F 鬼手铁角蕨

G 紫叶椒草

H 银斑葛

I 鳄鱼蕨

**花盆的大小：**

直径 9~15cm，高度 8~25cm

用发芽球根和观叶植物
进行室内改造。

**专栏**

## 把花盆营造成复古风

把土蹭在新烧制出来的花盆上面，就能营造出有使用感的韵味。

单株大小不一的各种观叶植物，多盆摆在一起也会成为比较立体的展示。白色的粒状肥料装到玻璃瓶里一起摆放，也能成为装饰的一部分。

# 冬日室内观赏的空气凤梨
# 和多肉植物

## 用喜欢的毛线来悬吊出编结艺术风吧

　　在铁架子上装饰明信片后，尝试着悬吊多个大小各异的空气凤梨。编结艺术风的垂吊方式，就是把毛线打上结，然后直接放上空气凤梨。这样的方式可以更好地欣赏空气凤梨的立体感，使用毛线也更能营造出冬日的氛围感。

准备长度相同的4根毛线，上下两处都打上结，然后将空气凤梨放到下面的编结处。毛线可以选择4种颜色，也可以都选择相同的颜色。

【植物清单】
A 空气凤梨"棉花糖"
B 旱生老人须
C 小精灵

铁架的大小：
43cm×55cm

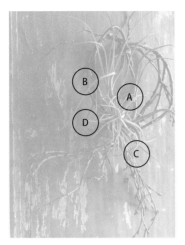

【植物清单】
A 空气凤梨"大天堂"
B 空气凤梨"柳叶"
C 空气凤梨"空可乐"
D 空气凤梨"粗康"

10月上旬，"Flora 黑田园艺"的室外柜台上展出的空气凤梨。除了严冬和盛夏之外的季节，空气凤梨都可以拿到外面去接受光照，这样叶子的颜色会更漂亮，也更容易开花。

## 用剪下的枝条做成心形环，营造出自然的氛围

将剪下的白桦枝条做成心形的环，在麻绳固定的部分用细铁丝将4种空气凤梨缠绕其上。底座也可以使用市场上卖的花环。可以装饰在门、墙壁等喜欢的地方。空气凤梨的叶子如果开始耷拉下来，就将整个花环在水里浸一会儿，这样叶子就会重新变得水润。但是要注意的是，底座上如果有积水，植物就会容易腐烂。

项链形伸展的品种就用有高度的花盆让它垂落下来。

在高脚花盆中种植了两种类型，一种是垂落型，一种是不太延展的类型。紫玄月的根茎是紫色的，随着气温变低，叶子就会呈现出紫色。但它并不抗寒，所以拿到室外时要做好防寒措施，保持气温在5℃左右，浇水也不要太频繁。

**【植物清单】**
A 紫玄月（厚敦菊属）
B 桃子项链（千里光属）
C 姬秋丽（风车草属）

**花盆的大小：**
直径 19cm，高度 24cm

灵活应用颜色、形状、培育方法等，就可以充分利用多肉植物的个性以拓展其多样性。

先加入多肉植物用的土壤，再进行种植，边缘的缝隙用苔藓填满。这样缝隙就可以很漂亮地遮盖起来，也可以防止立起来的时候土向外流。

可以把喜欢的旧物改造为多肉植物的花盆。

原本只有一个框，在内侧放了一个比较浅的木盒子，这样改造之后用于种植多肉植物。为了充分凸显多肉植物的大小、颜色、质感等不同的个性，要注意摆放方法。先放入作为主角的植物，然后再加入一些紫玄月之类的垂吊类型植物，缝隙就用分株的景天或是苔藓来进行填充。

【植物清单】
A 女雏（拟石莲花属）
B 树冰（密叶莲）＊分成2株
C 初恋（风车石莲属）
D 银明色（拟石莲花属）
E 静夜（拟石莲花属）
F 千代田之松（厚叶莲属）
G 万年草（景天）分成2株
H 横根费菜（景天）＊分成2株
I 紫玄月（厚敦菊属）

框架的大小：（内径）
14cm×18cm

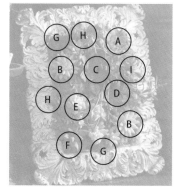

只是插在瓶子里也能成为雅致的一角。

像艺术品一般摆放在一起，能演绎出深邃感！

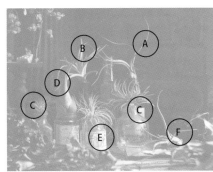

想打造简简单单的日常观赏盆栽，所以挑选了高度形状各异的瓶子，插入空气凤梨后聚集到了一起。虽然想要向瓶子里加水，但是还是不要这样做。浇水的时候将空气凤梨从瓶子里拿出来直接往水里蘸一蘸就好。试着在室内找到一处小空间，来制作一个小小的空气凤梨角吧。

【植物清单】
A 空气凤梨"大天堂"
B 空气凤梨"哈里斯"
C 空气凤梨"小精灵"
D 空气凤梨"犀牛角"
E 空气凤梨"马根斯精灵"
F 空气凤梨"美杜莎精灵"

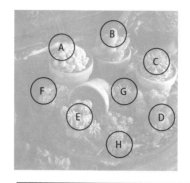

**【植物清单】**
A 银手毯（乳突球属）
B 黄金司（乳突球属）
C 战车（强刺球属）
D 海泉（乳突球属）
E 玉冠短毛（仙人球属）
F 牛奶宇治（景天）
G 短叶绢蒿（景天）
H 小宝石（景天）

**种植盆的大小：**
直径 35cm，高度 2cm

汇集个性派的仙人掌，观赏其立体感的装饰方法。

集合了簇生类型的仙人掌，整体营造出透景的效果。把仙人掌单株种植在小花盆里，然后或是直立或是倒着放在底部开孔的铁皮盘里。盘子上也要放入仙人掌用的土，还有一些仙人掌和景天是直接种在上面的。为了营造出自然的氛围，表面用一些枯叶来覆盖。冬季浇水时，只要用喷壶轻轻喷一喷就可以。

# 从早春就开始享受春季色彩

# 从早春到春天的植物
# 选择方法

## 只有当季才有的享受——报春花和发芽球根

　　早春还是比较冷的，此时比较推荐的还是从冬天一直都有的报春花等比较抗寒的花草。根据不同的花色，既可以营造出清纯感，也可以营造出奢华感。

　　在春天盛开的球根植物（水仙、麝香兰、银莲花等）也陆续上市，都是发了芽的花苗。这个时期开花过程也比较缓慢，所以可以慢慢地观赏很长时间。花色丰富多彩，种类也非常多，有重瓣花，还有小型花等。如果发现了喜欢的花苗，就制作一些组合盆栽放在身边观赏吧。如果是下雪天或是气温达到零下，花会冻伤，所以要把它挪到屋子里来。

　　像是水仙这类，种到花盆里之后每年都会开花，如果可以直接种到地上，也是一个省工夫的不错选择。除此之外的球根植物，当叶子变黄了之后就要把它挖出来保管，等到秋天的时候再重新种植。

## 最适合移植的园艺季节

　　春天3至4月份，虽然天气暖洋洋的，但是也要注意晚霜。不只是颜色多样的花草，那些想要种到花园里的宿根草和矮木苗也开始大量上市。此时也非常适合移植植物和给植物分株。当花盆满根了之后，就要移种到大一号的花盆里。当长势比较乱的时候，观叶植物等就要重新修剪以便再次利用。随着气温上升一些，病虫害也会陆续出现，此时渗透型的杀虫剂会非常方便。

　　日本黄金周前后，像是旱金莲和天竺葵这类，可以从夏天一直开到秋天的花苗也越来越多。不局限于用花盆种植，此时也可以更换一些花坛里的植物来享受搭配的快乐。

# 花色丰富多彩的报春花，
# 选哪种颜色呢？

用褶边的粉色报春花来制作一个球形花束吧。

花盆使用的是铁皮制的旧物，构想的是可以直接作为一个礼物送给别人。在容器的底部开了5个孔，然后以重瓣褶边的报春花为主角，整体营造出了圆润的感觉。报春花中的"朱利安"和多花报春都是不会横向、纵向伸展的类型，非常适合这类组合盆栽。只是它会不断地开花，所以要及时打理花瓣并施肥。

下页的主角是蓝色单色的报春花和同样是蓝色系但花瓣上有条纹的报春花。三色堇也选择了蓝色，以此来衬托报春花的蓝。虽然报春花的花色很丰富，但如果选择的颜色太多就很难有整体统一感，要控制所选择的颜色数量。这次在观叶植物的选择上试着加入了一些黑色来增加帅气感，相应地如果选择一些有白色斑纹的叶子，就能营造出整体清爽的氛围。

【植物清单】
A 报春花"绒球羽扇豆"
B 报春花"冬日蓝天"
C 报春花"朱利安"
D 迷你常春藤
E 野芝麻"灯塔银"
F 本州景天

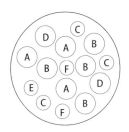

**花盆的大小：**
直径 18cm，高度 10cm

【植物清单】
A 报春花"小樱草"
B 报春花"复古条纹"
C 三色堇"真蓝"
D 黑龙
E 芥菜叶"红色蝶边"
F 常春藤"魔果"

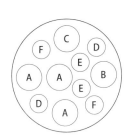

**花盆的大小：**
直径 32cm，高度 18cm

用蓝色系与黑色进行统一，让报春花的蓝帅气到底。

53

# 三盆一组，简单可爱！

## 进行细微改造的橙色系报春花，三盆一组来观赏吧

    想要用小花盆来观赏漂亮的橙色系报春花，所以用相同的花盆制作了三个组合盆栽。每一盆都加入了藤蔓很长的鸡爪花，所以都不会太平面，三盆摆在一起也比较有分量感，不会感觉花盆小。这个时期植物的生长比较缓慢，所以稍微种植得密集一些也不要紧。

※ 中央的组合盆栽的制作方法，在第 55 页进行介绍。

**【植物清单】**

A 报春花"朱利安"（玫瑰式开放，橙色）
B 报春花"朱利安"（玫瑰式开放，白色）
C 报春花"朱利安"（玫瑰式开放，黄色）
D 鸡爪花
E 婆婆纳"米菲暴君"
F 金鱼草"伯爵茶"
G 金盏花
H 条纹圆叶万年草

**花盆的大小：（3 个都是）**
直径 12cm，高度 10cm

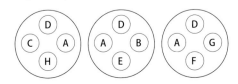

# 报春花"朱利安"的小组合盆栽

接下来讲解一下上页中所介绍的报春花组合盆栽的种植方法。报春花"朱利安"的花株不横向生长，所以即使是很小的花盆也比较好种植，可以长久地保持种植时的形状。这次介绍的是三个花盆中央的那一盆的制作方法，剩余的两盆也是同样的方法种植。可以通过改变前面的观叶植物来使其发生微妙的变化，把三盆放在一起来观赏吧。

**准备物品**（54 页中央的花盆）

盆底用网

大颗粒的赤玉土（小一点的盆底石也可以）

营养土、基肥（缓释型肥料）

培土工具

A 报春花"朱利安"（玫瑰式开放，橙色）1 株

B 报春花"朱利安"（玫瑰式开放，白色）1 株

D 鸡爪花 1 株

E 婆婆纳"米菲暴君"1 株

花盆的大小：直径 12cm，高度 10cm

**1** 在盆底的孔上铺盆底用网，然后再铺上一层大颗粒的赤玉土（大约是花盆高度的1/5）。上面再铺上 1/5 的营养土和规定用量的基肥。

**2** 把橙色的报春花从花苗中拿出来。像是照片中右侧花苗那样根满了的情况，就要用手轻轻地把土揉散，然后调整成左侧的状态。

**3** 将处理好的报春花种植到花盆里，再加入一些营养土。

**4** 前面加入一些婆婆纳，让其垂搭在花盆前面。之后在里面继续种上鸡爪花。

**5** 最后加入白色的报春花。因为花盆比较小，可能不太好种，可以用手指按压。

**6** 把鸡爪花的藤蔓拿到前面，然后减掉多余的枝蔓。重瓣的报春花花瓣很容易积水，所以在浇水的时候要往根部浇水。

# 观赏早春的发芽球根

## 从被绿色掩盖的木箱中窥见粉色的花朵

　　把银莲花和风信子这类花茎较高的类型集合到了木箱里。两种观叶植物可以很好地衬托花朵浓淡各异的粉色，银莲花比较有分量感的叶子也可以起到加强绿色的作用。这个木箱本身不是种植植物用的，所以在种植的时候为了防止木头腐烂，要在箱底铺上塑料，然后开排水孔。

【植物清单】
A 银莲花"凛凛花"
B 风信子
C 粗毛茛豆"硫黄之火"
D 常春藤"亚当"

箱子的大小：
35cm×22cm，高度 15cm

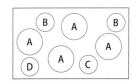

收集白色和黄色的花制作成壁挂式盆栽。把植株生长较高的水仙种植到后方和右侧，左侧用银莲花来弥补高度。用长长垂落的常春藤来营造整体的外形轮廓，营造出优雅的氛围。为了花期不在同一时间结束，种植了很多种球根花，等到所有的花都开完之后，再换成紫罗兰和蓝盆花等，还可以继续观赏。

**【植物清单】**
A 水仙"悄悄话"
B 风信子
C 毛茛"黄"
D 银莲花"凛凛花"
E 常春藤"迷你科瑞布"
F 常春藤"匹兹堡"
G 野芝麻"灯塔银"

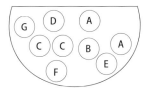

**花盆的大小：（种植部分）**
32cm×18cm，深度16cm

将早春感十足的花制作成高度与视线相平的壁挂式盆栽来观赏。

【植物清单】
A 麝香兰"蓝色魔法"
B 浙贝母
C 伯利恒之星
D 斑纹圆叶万年草
E 景天"黄金美人"

花篮的大小：
直径 26cm，宽度 8cm，
高度 10cm

## 在迎接春天的野地上自由盛开的球根花

　　环形花篮通常都是种植一些比较矮的植物，这次特意改变了它的用法来营造出"野地感"。将3种发芽球根从盆中拿出来，不弄散直接种进去。植物的高度各异，朝向也各异，并且可以看到零星的花朵。表面用干苔或苔藓覆盖，外观看起来会更好看。即使颜色比较少，是不是也能展现出早春的"野地感"呢？

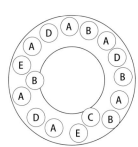

# 挂在墙壁上与春共乐

## 粉色浓淡掺杂的墙面充满春日的氛围感，非常华丽

　　这是只从上方种植的铁制壁挂式悬吊花盆，侧面不种植。渐变的粉色与清爽的青柠绿进行搭配。深粉色的孔药葎既可以向上伸展，也可以向下垂落，非常适合悬吊式盆栽。铁线莲的花期比较短，开完花之后也可以作为细叶的观叶植物来观赏。

上端两侧比较低，中央较高，整体线条像小山一样。

黄绿色的小花是铁线莲。小叶子也很漂亮。

**【植物清单】**
A 孔药葎
B 匍匐筋骨草 "黄金青柠"
C 常春藤 "恋绿"
D 姬小菊 "恋心"
E 铁线莲
F 龙面花 "淡粉"

**花盆的大小：（种植部分）**
30cm×18cm，高度 18cm

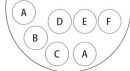

两个花盆都种植半边莲（上）和亚洲百里香（下）。摆在一起时就会产生一种韵律感。

**【植物清单】**
A 亚洲百里香
B 半边莲
C 匍枝南芥"高加索"
D 高山无心菜
E 活血丹"欧活血丹"

**花篮的大小：**
（靠前）直径 18cm，高度 13cm
（靠里）直径 14cm，高度 11cm

## 只是改变装饰方法就能凸显出花和叶子的魅力

　　选择了大小有微妙差异的两个铁丝花盆进行组合装饰。两个花盆中都种了盛开的亚洲百里香和半边莲，再用不同的绿叶植物将它们连接起来。这样即使是很常见的花也能通过不同的使用方法和装饰方法，来重新发现它的魅力。

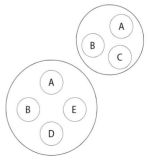

# 花盆组合搭配，营造混栽风

## 在心仪的花盆里种植上花卉和观叶植物，营造舒心一角

　　这是我几年前就推荐的一种组合花盆的形式。虽然只是分别选择一种花和一种观叶植物种起来并装饰到一起，但是通过大小不同的花盆组合，使用特殊材质的旧物，就可以凸显不同的喜好和品位。右下是在白色浇水壶的底部开孔之后种植了植物。花期结束后还可以换成其他的盆栽植物，在装饰植物的时候有这样的一个角落就会很快乐。

浇水壶的手柄不要被龙面花遮盖上，这样整体更有轻盈感。

【植物清单】
A 蓝盆花"蓝色蝴蝶"
B 亚洲络石"络石"
C 蓝眼菊"达林娜双恩里克"
D 天竺葵"二重奏"
E 龙面花"本质草莓"

花盆的大小：
A 直径 21cm，高度 18cm
B 直径 21cm，高度 30cm
C 直径 16cm，高度 14cm
D 直径 12cm，高度 13cm
E 18cm×14cm，高度 21cm

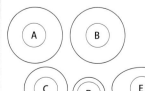

## 蓝盆花和耧斗菜随风摇曳的一景

这次主要着重的是"营造景观"。用同样尺寸的3个花盆，试着营造出了有春日气息的雅致景观。所有的花盆中都加入了蓝盆花，耧斗菜用比较华丽类型的花和比较素雅类型的花来营造出变化感。也可以都混栽到一个大花盆中，像这样的种植方法就算没有很大的空间也能尝试。

### 【植物清单】

A 蓝盆花
B 耧斗菜"巧克力战士"
C 耧斗菜"温奇"
D 景天"珊瑚地毯"
E 蜡菊"迷你青柠"
F 匍枝南芥"高加索"

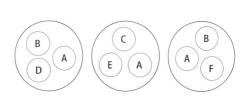

**花盆的大小：(3个都是)**
直径 12cm，高度 11cm

侧面看的样子。伸展而出的蓝盆花的枝茎随风摇曳的样子也很漂亮。

# 龙面花和雪朵花，用两种形式来观赏

重瓣的雪朵花"斯科皮亚靛蓝"（上）和龙面花"黑莓"（下）。整体用蓝紫色统一（本页配图）。

选择了龙面花和两色的重瓣雪朵花这种小花，观叶植物也选择了叶子比较小的类型。整体的色调用紫色系来统一。春天虽然商店里会有各种各样的花，但是组合盆栽时不要选用过多的颜色，这样会更漂亮。环形的花盆靠在墙壁边看起来也很好看。

【植物清单】

A 龙面花"黑莓"
B 雪朵花"斯科皮亚 薰衣草"
C 雪朵花"斯科皮亚 靛蓝"
D 匍枝南芥"高加索"
E 活血丹"欧活血丹"
F 木通"斑纹木通"

花篮的大小：

直径 30cm，宽度 9cm，高度 9cm

选择少量花色，并用小花和观叶植物来使整体统一。

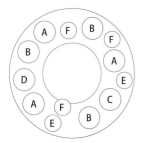

重瓣的雪朵花"斯科皮亚雪球"（上）和龙面花"淡白"（下）。整体用白色系统一（下页配图）。

思考复古风的杯形花盆应该怎样使用，最后选择了白色和绿色组合的有洁净感的组合盆栽。这种装饰性的花盆使用时的要点就是要控制使用的植物颜色不要太多。这个组合盆栽没有用颜色鲜艳的植物，但是像绿色黑种草有趣的花形和心叶牛舌草漂亮的叶脉等，可观赏的要素也非常多。

既有整体的统一感，还能凸显出彼此的魅力。

【植物清单】

A 龙面花"淡白"
B 雪朵花"斯科皮亚 雪球"
C 大戟"钻石霜花"
D 黑种草"绿色魔法"
E 肉豆蔻天竺葵
F 野芝麻
G 常春藤"恋绿"
H 心叶牛舌草"杰克霜花"

花盆的大小：

直径 30㎝，高度 30㎝

## 主题 7

# 凸显魅力，
# 组合盆栽的灵感

活用多肉植物的个性来选择花盆和造型。

把底部没有开孔的旧物开孔，作为花盆使用。

在本店中，多肉植物不是只有一时的热度，而是一直都有着稳定的人气。与花草类不同，可以造型正是它的魅力之处。左前的花盆以多样的拟石莲花属植物为中心，在它们之间填充了可以下垂的植物。右侧里面种的是毛茸茸的个性十足的伽蓝菜。两个花盆的底部都要先开孔，再进行种植。

【植物清单】

（左前）

A 梦露（拟石莲花属）
B 皮氏（拟石莲花属）
C 德莲塞纳（拟石莲花属）
D 丹尼尔（拟石莲花属）
E 范女王（拟石莲花属）
F 黄金美人（景天）
G 变色龙锦（景天）
H 波尼亚（青锁龙属）

花盆的大小：

直径 14cm，高度 18cm

（右后）

A 银笺（青锁龙属）
B 黄金美人（景天）
C 黑兔（伽蓝菜属）
D 星兔耳（伽蓝菜属）
E 金吉尔布鲁拉（青锁龙属）

花盆的大小：

直径 15cm，高度 37cm

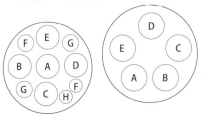

花色用紫色和粉色系统一色调，更能衬托出白色的蕾丝花。

即使不种植到土地上也能营造的自然风小花园。

设计灵感是使用大型花盆，来营造出容器中的"小花园"的氛围，植物之间营造出高低差更具自然感。花色的色调是紫色和粉色系，观叶植物在选择上也搭配花色的紫色。蕾丝花虽然只开一次，但是有这个季节独有的清爽感，大家都很喜欢吧。

**【植物清单】**

A 蕾丝花
B 蕾丝薰衣草
C 鼠尾草
D 南美天芥菜
E 屈曲花"紫晶皇后"
F 白叶桉
G 珊瑚铃"好莱坞"
H 大戟"钻石霜花"
I 多蕊地榆
J 常春藤"魔果"
K 天竺葵
L 珊瑚铃"上海"

**种植盆的大小：**
54cm×18cm，高度20cm

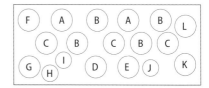

# 重新聚焦那些经典花卉的魅力！

黄色的旱金莲和橙色的双距花，它们的组合搭配非常鲜艳。

**【植物清单】**

A 旱金莲

B 柳穿鱼

C 常春藤 "匹兹堡"

D 飞蓬

E 双距花 "简达"

F 水杨梅 "燃情似火"

**种植盆的大小：（种植部分）**

直径 30cm，高度 19cm

## 看着就能给人带来活力的维生素色系悬吊式盆栽

　　旱金莲可能是太常见了，所以不是十分受欢迎（笑），但是我却很喜欢，也经常会使用它。独特的黄色很可爱，形状也有趣，也很适合这种悬吊式盆栽。其他的花也用黄色和橙色系来统一，就会给人一种能量感。只要在柱子等地方安装上挂钩，就可以简单地观赏这种悬吊类型的盆栽了。

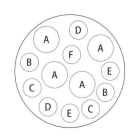

## 用粉色的重瓣天竺葵和鲜艳的黄色叶子来营造出春日感

天竺葵也是一款经典的花。因为它是重瓣花朵，十分可爱，所以就和黄色系的观叶植物搭配种到了花盆里。虽然观叶植物也有很多种，但是加上鲜艳的黄色系就可以瞬间变得春日感十足。另外，观叶植物选择的是肉豆蔻天竺葵，之后还会开出小白花，也非常好看。

粉色的重瓣天竺葵，在形状不同的黄色叶子的衬托下非常吸引眼球。

※ 这个组合盆栽的植物名称和种植图、种植方法，在第 70 ~ 71 页进行介绍。

# 春光烂漫的天竺葵花篮

在第69页介绍过的春日感十足的鲜花盛开的组合盆栽。用重瓣天竺葵和3种观叶植物来制作一款圆润可爱的花篮吧。

## 准备物品

透明膜布、剪刀

颗粒土（赤玉土大颗粒等）、营养土、基肥、培土工具

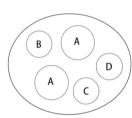

A 天竺葵"莲"2株

B 牛至"肯特美人"1株

C 菊蒿"金羊毛"1株

D 肉豆蔻天竺葵1株

花篮的大小：26cm×21cm，高度13cm

**1** 剪取能够铺在花盆内侧大小的透明膜布，在底部用剪刀开两处孔。

**2** 把透明膜布铺在花篮里，然后再加入颗粒土到花篮高度的1/5左右。

**3** 在❷的基础上继续加入混合了基肥的营养土，直到花盆一半的高度。透明膜布沿着花盆的边缘剪下。

**4** 根据花盆的形状来决定花苗的摆放位置（参考上方的种植图）。要考虑好花苗的方向和角度，设想它完成后的状态。

**5** 把天竺葵从花盆里拿出来。轻轻地揉搓根须。因为接下来天气会越来越热，所以最好不要把根须上的土搓掉太多。

**6** 种植一株天竺葵之后就继续加土。这时就要决定花苗的朝向和角度，固定其位置。

组合盆栽的成品。天竺葵非常抗旱，除了寒冷的冬天和火热的夏天之外都能一直开花供人观赏。

**7** 因为牛至要放在后侧，所以要先于下一株天竺葵种植，种入之后再培土。

**8** 将另一株天竺葵花苗种植到牛至的右侧，再加入一些土。

**9** 加入菊蒿。只是加入了青柠颜色的观叶植物，整体的氛围就明亮了很多。

**10** 菊蒿的右侧加入肉豆蔻天竺葵。

**11** 培土的时候要注意保证浇水的空间。

**12** 调整盆栽的形状，将伸展出来的枝茎剪下去，使整体更加圆润。最后浇水，完成。

# 用组合盆栽来装饰狭小的空间

　　有一个面朝东侧的宽约1.7cm、纵深约0.6cm的小空间，想要把这里利用上，所以营造了一个春日的迷你花坛。从远到近，分别是高植株、中等高度的植株、矮植株，这样组合搭配自然而然地就有了立体感。横向的要点就是两侧低、中间高，像是描绘一座小山的形状一样将高植株放在中央。因为想要有春天的华丽感，所以主要选择了粉色和紫色的花，白色的花朵作为点缀。

只是用组合盆栽的方式将花苗种植到了花坛中。除了宿根植物之外，还加入了一年生草本植物，这样更能营造出春日的季节感。

## 【为春日花坛添彩的鲜花们】

羽扇豆"蓝帽花"

蓝盆花

除了春天的花之外，还交织混杂了叶子，如青柠色的紫叶小檗、雪柳、景天、金叶风箱果等，营造出明亮的氛围感。

蜜蜡花

林荫鼠尾草

星辰花

假马齿苋"斯科皮亚"

第 **3** 章 EARLY SUMMER~SUMMER

# 从初夏开始享受
# 的夏日喧嚣

# 从初夏到夏天的植物
# 选择方法

## 梅雨时期就用大花和鲜艳色系来营造明亮感

　　雨水不断的季节，就试着用鲜艳的花色和大花来制作组合盆栽，让院子更明亮吧。我比较推荐的是大丽花、百日菊、金光菊等。这些花的品种非常丰富，而且花期可以持续到秋天。园艺商店中五星花、大戟、香彩雀等夏季的鲜花都开始上市。如果在这个时期种植，等到夏季时植物的根就可以扎得很稳固，更能够承受住强烈的日光和酷暑。夏季气温和湿度也开始逐渐升高，病虫害也会随之增多。梅雨期间晴朗的日子里日光也会像是盛夏一样强，所以一些不抗热的植物要移到通风凉爽有半日阴凉的地方。

　　浇水也要看梅雨时期土壤的干燥程度而定。因为这一时期土壤的湿度比较大，所以如果土壤湿润就不需要浇水，要注意保持让它偏干燥一些。只要梅雨季节结束，夏天就正式到来了。阳光会突然之间变得非常强，所以一定要充分利用那些有半日阴凉的地方，也可以安装一些简单的遮光网。

## 活用那些抗热的花草来享受充满夏日风情的色彩

　　夏季抗热的花草会更让人安心。五星花、大戟、百日菊、金光菊、香彩雀等都比较推荐。夏天可以尽情地使用一些鲜艳的颜色，黄色、大红色等组合在一起也是非常有夏日感，能够让人感受到活力的搭配。反之如果搭配白色和蓝色等，组合出来的效果也会很清爽。因为天气很热，所以想要从视觉上也能够感受凉爽。只使用白色花朵制成的组合盆栽，会给人一种非常帅气的感觉，也大受客人欢迎。

　　夏天要选择抗热的花，也要在色彩搭配上更讲究一些。

# 用一些抗热的经典花卉，
# 夏天也能随时享受组合盆栽

中间是深粉色，边缘是淡粉色，这是让人印象非常深刻的"双色粉"。这种细致感非常浪漫。

五星花是成串开放的，所以开到一定程度之后，就要把花朵连同枝茎的杈根一起剪掉。这样就会不断地发出新芽开花，可以一直开到11月左右。

小星星形状的花朵
聚集成串盛开
**五星花**

## 从花盆的选择开始拓展想象充满玩乐心的夏日组合盆栽

这个五星花的组合盆栽的灵感构思是打造一个"惊奇箱"，打开一个带盖的箱子后，鲜花喷涌而出。可以只选定一种花，然后花与花之间的缝隙用充满不同个性的观叶植物来进行填充。这样更能凸显花的粉色，整体氛围更加热闹。加入忍冬草这类黄色系的观叶植物，整体会更加明亮鲜艳。

**【植物清单】**
A 五星花"双色粉"
B 忍冬草"奥蕾雅"
C 五色斑爬山虎
D 薹草"珠穆朗玛峰"
E 鸡爪花"四照花"

**箱子的大小：**
25cm×15cm，高度13cm

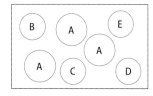

## 充分活用呈穗状盛开的花朵的舒展感和细致的形态变化来营造轻盈感

这是蓝花鼠尾草的白花与紫花从鸟笼中四散开来的清凉感组合盆栽。鸟笼上开了一个排水孔，铺上棕榈丝后加土，盖上盖子进行种植。在统一色调的同时，加入开花方式不同的草夹竹桃作为点缀。选择了带有黄色的观叶植物来衬托紫色的花色。

优美延展的蓝、白花穗非常漂亮
**蓝花鼠尾草**

原原本本地展示花姿的不同个性就能很好地展现其魅力。

【植物清单】
A1 蓝花鼠尾草（白色）
A2 蓝花鼠尾草（紫色）
B 樱桃鼠尾草
C 香彩雀"白色"
D 草夹竹桃"糖果星星"
E 斑纹阔叶麦冬
F 忍冬草"柠檬美人"
G 澳洲迷迭香"晨光"

鸟笼的大小：
直径 24cm，高度 47cm

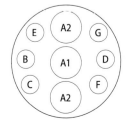

金光菊的花和向日葵十分相似，它的品种也非常丰富。如果选择有高度的花盆，就可以以植株较高的品种为轴进行种植，这样会更有魅力。最好是花盆的两倍高。在视线集中的地方，再加入一株作为主角的金光菊吧。黄色和茶色的双色系非常有个性。苦马豆的白色小花像是天鹅一样轻盈摇曳生姿。

犹如太阳般一直充满
活力地盛开到秋天
**金光菊**

衬托金光菊的黄色
夏天的迎宾盆栽。

【植物清单】

A 金光菊 "撒哈拉"
B 苦马豆 "白天鹅"
C 金光菊 "丹佛戴斯"
D 珊瑚铃 "枫糖软糖"
E 常春藤 "塞浦路斯"

**花盆的大小：**

直径 24cm，高度 22cm

※ 这个组合盆栽会在第118 ～ 119页"基础组合盆栽的种植方法"中进行介绍。

开花非常旺盛
**凤仙花**

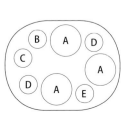

## 用重瓣的凤仙花将庇荫花园营造得更加华丽

　　重瓣的凤仙花看起来就像是玫瑰花一样非常优雅。庇荫的地方也可以生长，所以能够把一些容易昏暗的空间营造得更加明亮。将3株凤仙花按照三角形来摆放，然后让青柠绿色的玉簪像是蝴蝶结一样从缝隙中飞舞出来，这样的创意充满了童心。左后方轻柔摇曳着的是小花的大戟，可以带来清凉感。

【植物清单】
A 重瓣凤仙花"穆希卡"
B 粗毛矛豆"硫黄之火"
C 大戟"钻石霜花"
D 金丝桃"大理石黄"
E 玉簪"火烧岛"

铁皮箱的大小：
21cm×16cm，高度18cm

80

## 让万寿菊看起来更加时尚的组合搭配

　　说起万寿菊，就是黄色和橙色。将这两种常见色混合种植，就可以自然而然地产生渐变感，更加艳丽。观叶植物在选择上要避开与万寿菊的叶子相似的类型，可以选择一些带着黄绿色有柔和感的类型。在万寿菊的植株之间加入麻叶绣线菊，高度上稍高一些，然后在前面种植稍矮一些的花叶羊角芹，这样就能够展现出水润感和立体感。

鲜艳的花朵可以陆续开到晚秋
**万寿菊**

**【植物清单】**
A 万寿菊"火球"
B 万寿菊"金发女郎"
C 麻叶绣线菊"黄金喷泉"
D 海桐花"花叶海桐花"
E 花叶羊角芹

**木质箱子的大小：**
38cm×20cm，高度 14cm

| B | A | C | B |
|---|---|---|---|
| C | D | B | D |
| A | A | C | E | A |

前面的橙色花是"火球"，偏黄色的是"金发女郎"。两个品种开花都很好，随着花开，花色也会变化。

如果直接把花篮放到地面上，那么通风和排水都会变差，还容易闷热，招虫。所以可以在花篮的下面放上木棍（一次性筷子等）来抬高底座。

喜欢通风好、背阴、光线明亮的地方
**秋海棠**

## 让花篮的拎手露出来，观赏白色秋海棠的清爽美

抗旱的秋海棠，是装点夏日最可靠的品种。只选择白色秋海棠这一种花卉，就能营造出清爽、干净的氛围。再搭配一些带花纹的观叶植物或朝雾草，就更能凸显白色花朵的美丽。前面垂落的爬山虎的叶子为整体增添了跃动感。塑料膜开好排水孔之后铺到花篮中，然后再种植植物。

**【植物清单】**
A 秋海棠
B 忍冬草"红尖"
C 海桐花"花叶海桐花"
D 榄叶菊"阿芬"
E 爬山虎"花环"

**花篮的大小：**
32cm×25cm，高度16cm（距离拎手上端30cm）

秋海棠有光泽感的白色花瓣与黄色花蕊的对比非常鲜明。光泽感十足的叶子也很漂亮。

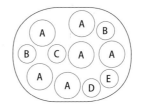

根据自己的想法自由地选择花盆，就可以发现更多的乐趣。

和名字一样，每天都不断盛开
**长春花**

## 适合高雅的组合盆栽，长春花的魅力

　　长春花的花朵形状像是螺旋桨一样，像是画一个半圆一样把长春花种到带腿的花盆中。把可爱的粉色植株固定到后方，淡紫色的植株放到正前方，这样可以增加整体的高雅感。为了衬托作为主角的那棵植株，周围种植了不同类型的朝雾草或带花纹的观叶植物，使组合盆栽更加生动形象。再用垂下的枝茎来演绎出流动感和动态美。

**【植物清单】**

A 长春花
B 蜡菊"白色游艇"
C 云南黄素馨
D 爬山虎"花环"
E 常春藤"雪之妖精"
F 马蹄金"银瀑"
G 香叶型天竺葵"银边"

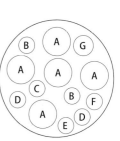

**花盆的大小：**
直径 21cm，高度 21cm

## 让像小皮球一样盛开的石竹花的可爱感更加时尚

     石竹花是小花聚集在一起呈球状盛开非常华丽有存在感的一种花卉。与复古的浇水壶搭配在一起，整体氛围非常时尚。浇水壶比较深，所以要在底部多加入一些盆底石。整体形状营造得像小山一样圆润，高低参差就不会显得过于单调。前面的白色花朵和后面带白色花纹的叶子是点睛。垂落的爬山虎非常有轻盈感。

因为石竹花是密集小花成串盛开的，所以在修剪花朵的时候，不能按朵剪，要整串剪掉。当花盛开到一定程度之后，就从整串的根部剪断。

日式和西式两种风格都非常适合
**石竹花**

**【植物清单】**

A 石竹花
B 马缨丹
C 银边翠
D 爬山虎"花环"

**铁皮浇水壶的大小：**
直径 23cm，高度 28cm
（距离拎手上端 42cm）

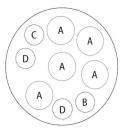

将3盆有些许不同的小组合盆栽有韵律地摆放在一起。

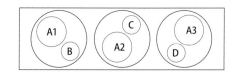

小花团攀爬铺展
**小叶马缨丹**

## 只是把3盆花放到盒子里这样简单就能拥有这份可爱感

这次构想的出发点是"把3个小花盆放到铁丝篮子里会不会显得可爱呢"。主角选择了3种不同颜色的小叶马缨丹，它的花和叶子都很小，每一个花盆中分别种植了一株花和一株观叶植物。观叶植物的颜色统一使用了黄绿色，虽然很简约，但摆在一起却很有一体感。植物的特性或是向上攀爬，或是向下垂落。选择不同的类型，整体就会产生变化，不会看腻。

【植物清单】

A1 小叶马缨丹（黄）

A2 小叶马缨丹（橙）

A3 小叶马缨丹（白）

B 匍匐筋骨草"黄金青柠"

C 粗毛矛豆"硫黄之火"

D 活血丹"欧活血丹"

**花盆的大小：（3个都是）**

直径 11cm，高度 11cm

| A1 | C | A3 |
|---|---|---|
| B | A2 | D |

## 排放在一个小角落，再次发现桔梗的美

　　桔梗的组合盆栽，只有1盆也非常可爱，3盆摆在一起就会可爱加倍。在同样尺寸的花盆中，分别种植了3株。每一盆都使用桔梗，但是其他的植物全部都要不同，这样会更有趣。紫色的花搭配黄色系的叶子更有反差，视觉效果更好。

犹如气球般鼓起来的花蕾也非常可爱
**桔梗**

**【植物清单】**

A 桔梗
B 匍匐忍冬
C 火棘"小丑火棘"
D 狼尾草"金光"
E 蔓越莓

F 阔叶麦冬
G 婆婆纳"阿兹特克黄金"

**花盆的大小：(3 个都是)**
直径 12㎝，高度 10㎝

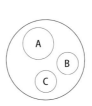

## 尺寸不同的花盆只要高低错落摆放就会很漂亮！

小花类型百日菊的可爱感与小号铁花盆的粗犷感适配度非常高。把不同颜色的百日菊种到不同尺寸的花盆里，挂到自制的壁挂台上吧。挂的时候让大的花盆在下，这样可以降低重心，整体平衡感更好。上方的小花盆中垂落的常春藤可以把两个花盆连接起来，起到点睛作用。这种壁挂台可以随意移动，非常方便。

使用广泛且
可以一直开到晚秋

## 百日菊

**【植物清单】**

A1　百日菊（白）
A2　百日菊（黄）
B　粗毛矛豆"硫黄之火"
C　常春藤"哈喽"

**铁丝花盆的大小：**

（右）直径 13cm，高度 10cm
（距离上端 17cm）
（左）直径 17cm，高度 13cm
（距离上端 21cm）

※壁挂台的制作方法在第123
~125页进行介绍。

把铁皮制的旧物当作花盆来使用，所以种植前要在盆底开排水孔。

用橙色、黄色、蓝色的三色盆栽组合来营造清爽感。

**【植物清单】**

A1 百日菊"丰花"（橙色）
A2 百日菊"丰花"（黄色）

B　蓝星花（蓝星）
C　云南黄素馨
E　忍冬草"柠檬美人"
D　忍冬草"奥蕾雅"

**花盆的大小：**

（左）直径 16cm，高度 19cm
（右）直径 13cm，高度 13cm
（中）直径 9cm，高度 10cm

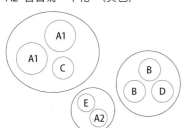

百日菊"丰花"呈橙色和黄色。想要让这种充满活力的花色更有喧嚣感，所以和开蓝花的蓝星花进行了组合搭配。1个花盆只种了1种花和1种观叶植物，这样3盆放在一起也会看起来更加优雅。关键是要把大中小尺寸不同的3个花盆摆在一起。在此之上观叶植物选择黄色系的小叶子，整体更具一体感。

## 青葙的花穗摇曳生姿，打造犹如晚夏一般的情景

笔直竖立的青葙紫红色的花穗，与匍匐筋骨草和春蓼泛黑色的叶子非常适配。在此之上再加入色彩明亮的牛至和带白纹的野葡萄，更能凸显出沉稳色调的美感，充满晚夏的风情。这种带靠背的种植盆，可以使有高度的青葙显得更有魅力，还可以把野葡萄的藤蔓缠绕上去进行装扮。

在青葙旁边种植颜色比较相近的圆形花穗的千日红，观赏其不同的风姿。

鸡冠花的同类
还可以做成干花
**青葙**

**【植物清单】**

A 青葙 "亚洲花园"
B 千日红 "爱"
C 春蓼 "红龙"
D 匍匐筋骨草 "拿铁艺术"
E 牛至 "卡里特拉"
F 薹草 "青铜卷"
G 牛至 "凯特美人"
H 斑纹野葡萄 "优雅"

**种植盆的大小：**
32cm×11cm，高度 10cm

| C | A | B | H |
|---|---|---|---|
| D | E | F | G |

※桌子的刷漆方法在第 91 页介绍。

## 瞬间营造出氛围感，用褪色风的桌子营造出有使用感的韵味！

桌子之类的如果在室外使用，随着时间的流逝，油漆会渐渐剥离，一点点变脏。这样就算在装饰上，组合盆栽也无法发挥其魅力，非常可惜。下面我来为大家介绍一种简单的可以营造出有使用感韵味的方法吧。

## 1 刷油漆

把水性油漆摇匀后装到容器里，用刷子来刷漆。稍微有所漏涂会显得更有韵味，所以不用纠结涂得不均匀。

## 2 用抹布蹭

在水性油漆干之前，用抹布对桌面进行整体擦拭，营造出自然感。如果用带土的抹布蹭，会更有味道。

**准备物品**

· 水性油漆（喜欢的颜色）
· 刷子
· 容器（装水性油漆的东西）
· 抹布

→刷油漆最好选在晴天。下雨天湿气比较重，不好操作。
↓与组合盆栽搭配的桌子涂成了蓝色，也可以重复涂刷。

# 聚到一起营造组合盆栽风，保持设计性和通风性

托盘要开排水孔。如果积水的话，会导致植物生病。

根据植物的大小来选择花盆。材料、尺寸都大有不同。

## 用制作组合盆栽的感觉，把喜欢的小花盆摆放到托盘上

在喜欢的花盆中只种植一种植物，然后摆在托盘里，这样就会很整齐好看。此时也像搭配组合盆栽时一样，主角是金光菊，背景搭配一些有高度的能够隐约看到其小花的光千屈菜和新风轮，整体就会更加有凉爽感，考虑颜色的搭配来决定彼此的角色，这样托盘中的植物之间就会产生故事性，非常有趣。请一定试一试吧。

## 用搭配好色调的组合盆栽营造出逝去夏天的一景

　　以梵高的《向日葵》为灵感，选择了宛如夕阳和晚夏一般颜色雅致的植物。比较高的花盆搭配有深度的大一点的箱子来使用，这样就更有组合花盆的风格。整体更有一体感，更能成为美丽的一景。因为比较容易闷热，所以花盆之间的间隔要隔开一些。

**【植物清单】**

A 黑心金光菊 "伊莱克特拉的震惊"
B 青葙 "德古拉"
C 秋海棠 "马卡龙玫瑰"
D 新西兰麻 "青铜宝贝"
E 金光菊 "秋色"

**花盆的大小：**

A 直径 16cm，高度 19cm
B 直径 16cm，高度 28cm
C 直径 16cm，高度 14cm
D 直径 10cm，高度 12cm
E 直径 20cm，高度 18cm

**【植物清单】**

A 光千屈菜
B 新风轮
C 金光菊 "陶陶柠檬"
D 锡兰水梅 "香草迷恋"
E 忍冬草 "奥蕾雅"

**花盆的大小：**

A 直径 15cm，高度 14cm
B 直径 10cm，高度 12cm
C 直径 13cm，高度 8cm
D 直径 10cm，高度 12cm
E 直径 8cm，高度 9cm

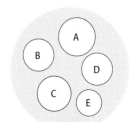

# 在真正的酷暑到来之前，打造一个不费工夫的"夏日"花坛吧！

宽度 50cm × 深度 30cm 的小花坛，用组合盆栽的感觉来搭配就好！

选择了看起来很清凉，可以一直观赏到晚秋的植物。

**步骤 1**

# 首先把伸展出来的枝茎剪下，修整花坛

对茂密生长的雪柳、紫叶小檗、凌霄等树木进行剪枝。在修整树形的同时，还为新种植的植物留出了空间。

修整前

接下来会生长得非常茂盛，所以大胆地剪枝吧。

**1** 从花坛的内部开始一点点剪枝。把那些过度生长的、枯萎的枝条从根部剪下。现在正在剪的是雪柳。

**2** 从上方开始剪。把伸展出来的枝条剪短，剪的时候要同时设想自己将要制作的花坛样式，留下2~3根枝条更能增加自然感。

**3** 把在地面上四处攀爬的景天拔除。顺便把砖块之间生长的杂草也拔除，整体修整干净。

**4** 缠绕在后面栅栏上的枝条和藤蔓也要剪除。剪的时候要考虑好后面想要露出多少。

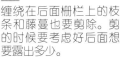

**5** 修剪完成。成为一个非常清爽的花坛。

# 加入肥料改善土质

　　为了植物能够有活力地生长，在种植之前要先改善土质。加入让土壤渗水性更好、更软的腐叶土和补充营养的缓释型颗粒肥。

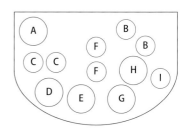

**【植物清单】**

A 大叶醉鱼草 "银色纪念日"

B 败酱 "淘金热"

C 千日红 "草莓田野"

D 新风轮

E 五星花（红）

F 千日红（粉）

G 银边翠 "冰河"

H 青葙 "亚洲花园"

I 五星花 "银河粉"

**花坛的大小：**

约 50cm × 约 30cm

土壤会变得
软乎乎的!

**1** 把没有植物部分的土用小铲子翻铲。注意不要伤到已经种植的植物的根部。

**3** 将作为基肥使用的缓释型颗粒肥适量地播撒。

**2** 把适量的腐叶土撒到现有的土壤上。

**4** 在所有土壤上混合腐叶土和肥料，准备完成。

# 选择植物、决定位置后进行种植

因为想要营造出高低差，所以分别选择了高的植株和矮的植株，然后再决定花色吧。这次选择了粉色和红色的花色。在花坛的什么位置放什么植物，先试放看看感觉，再开始种植吧。

这次选择了粉色的花朵，把千日红放到了正面。

**1** 在要种植的地方挖好坑。然后从盆里拿出花苗，把根土轻柔地搓下后再进行种植。

**3** 花坛前面种植的植物（这里就是五星花），在种的时候稍微向前倾斜一定的角度，会更方便观赏，营造一个让人印象深刻的花坛。

**4** 青箱种完之后，种植就全部完成了。因为天气变热会容易发闷，所以植物之间的间隙要留足，这样也易于通风。

**2** 从后侧开始种植。如果是只有一株植物（这里就是千日红），会显得存在感比较弱，可以一起种两株，这样看起来就会像是一株一样，花坛也会变得更加华丽。

**5** 最后把之前已有的植物的枝条或是藤蔓缠绕上来，使彼此间更加融合。

## 雅致又奢华！彩色叶子做主角的花环

锦紫苏的叶子颜色、大小、样式多彩多样，这次选择了不同的类型，混合制成了花环。在锦紫苏的植株之间加入玉龙和常春藤，起到了优美的连接作用。玉龙植株比较矮，想要营造一些自然感的花环时经常使用。常春藤的长藤蔓不要从花环的圆形中伸展出去，把它缠绕在锦紫苏上营造流动感。

将剪下的锦紫苏的叶子和花插到水里装饰也很好看。彩色的叶子非常深邃，魅力感十足！

植株比较矮的植物很适合做花环，伸展出来的锦紫苏剪下来也可以使用。

# 感受凉爽，夏天才是观叶植物的主场

常春藤的藤蔓缠绕到锦紫苏上。当藤蔓长长时，就继续这样缠绕，这样就可以保持圆形花环的形状。

**【植物清单】**
A 锦紫苏
B 玉龙（将 2 个植株分别分成 3 株）
C 常春藤"小绿菜"（将 2 个植株分别分成 3 株）

**花篮的大小：**
直径 29cm，宽度 9cm，高度 9cm

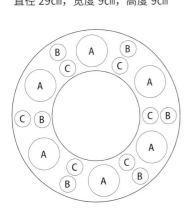

不只可以平放，还可以立起来观赏，这也是花环的一大乐趣。

细长心形的锦叶葡萄。正面是白绿相间的样式（右），而背面却是酒红色（上）。双面观赏非常优美。

## 转换思维！夏天正是鲜艳观叶植物的主场

　　彩色观叶植物颜色种类非常丰富，夏天只把这些观叶植物组合在一起也可以。中间清爽的白网纹草是主角，我觉得在旁边搭配一些带黑色的叶子会比较合适。虽然无论哪一款都是抗热的观叶植物，但是日光直射可能会灼伤叶子，所以要尽量避免。

【植物清单】
A 紫叶秋海棠"晚霞"
B 白网纹草"白色革命"
C 锦叶葡萄

花篮的大小：
18cm×15cm，高度 18cm

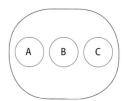

## 把观叶植物集合到一起营造心仪的一角

室外比较常见的组合花盆形式，也同样适用于室内的观叶植物。以比较高的海芋为中心，选择了大中小尺寸各异、叶子的颜色和花纹很漂亮的观叶植物进行搭配。通过摆放在托盘上，重新发现了植物的新魅力，展现出一种与以往不同的氛围。

发挥观叶植物魅力的灵感。
有半日阴凉、明亮的室内更加舒适！

**【植物清单】**

A 海芋
B 青苹果竹芋
C 喜林芋"铂金金钻蔓绿绒"
D 圆叶巢蕨

花盆的大小：

A 直径 16cm，高度 14cm
B 直径 13cm，高度 13cm
C 直径 10cm，高度 7cm
D 直径 10cm，高度 10cm

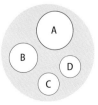

# "Flora 黑田园艺" 推荐的观叶植物

　　说起在室内培育的观叶植物也有非常多的种类。根据买入后培育方法和生长大小的不同，大致上可以分为两类。我在这里分别介绍一下每个种类所推荐的观叶植物以及培育时的注意要点。让我们选择一款光照、空间、摆放地点都很合适的观叶植物，长久地陪伴吧。

这里是"Flora 黑田园艺"室内卖场的一部分，观叶植物的一角。从摆在桌面上的尺寸到占满整个空间的较高的植株，还有悬吊装饰的植物，种类多样。在这里应该可以找到很多室内的观赏、展示的灵感。

锈叶榕

### 类型 1
### 向上生长能够长到很大的类型

　　榕属和丝兰、朱蕉等种类非常多，自然生长时有一些甚至能长到10m以上。售卖的树形也是各种各样的，在园艺商店寻找自己喜欢的树形也是非常有趣的。因为这类植物是向上生长，所以可以几年剪一次枝。这样就可以调整树的形状。5—6月是最适合剪枝的时间。

鹅掌柴

朱蕉

丝兰

# 精彩继续!

春羽"超级阿童木"

## 类型 2
比较小，长势像小山般圆润的类型

春羽、花叶万年青、广东万年青等培育起来都是比较小的树形。叶子的颜色很丰富，种类很多样。相比之下也更耐荫，摆放位置的选择也比较广。喜林芋的同类是通过延伸枝蔓来生长的，所以垂吊或是选择放在比较高的位置，优雅地垂落下来会更有美感。空气凤梨类每周喷水2~3次，每月放到装水的水桶里浸泡1~2次，充分地浇水。虽然称作气生植物，但是也非常需要水和通风。

喜林芋"心叶藤"

广东万年青"雪白"

花叶万年青"冷面美人"

空气凤梨"美杜莎精灵"（左）
空气凤梨"细红果"（右）

旱生老人须

# 通过抗旱的多肉植物，重新发现夏天的新乐趣

呈莲座形状生长的艳镜，叶子细长的巧克力士兵等，不同的形状、颜色、质感非常有趣。

横向攀爬的小迷西，犹如跳舞的仙女一般，叶子边缘呈锯齿状的千兔耳等，是非常有个性的组合搭配。

## 用充满个性的多肉植物来营造出模范花园般的喧嚣感

如果找到黑法师和伽蓝菜等比较高的多肉植物苗株，就可以把它和比较矮的苗株一起高低错落地种到一个横向较长的花盆里，这样会很好看。这次在花盆靠左的位置种了比较高的黑法师和伽蓝菜，作为组合盆栽的焦点。把那些垂落的植株在不挡住花盆的前提下穿插种植，这样就可以产生跃动感，非常有趣。

【植物清单】

A 仙女之舞（伽蓝菜属）
B 小迷西（青锁龙属）
C 千耳兔（伽蓝菜属）
D 黑法师（莲花掌属）
E 珍珠吊兰（千里光属）
F 伽蓝菜"白叶"（伽蓝菜属）
G 星兔耳（伽蓝菜属）

H 艳镜（莲花掌属）
I 树冰（密叶莲）
J 巧克力士兵（伽蓝菜属）
K 红宝石（厚敦菊属）

**种植盆的大小：**
50cm×13cm，高度14cm

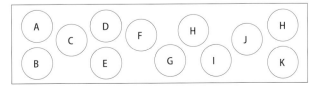

## 活用长生草的锯齿状边缘做成框架摆件

长生草的高度比较矮，并且叶子呈放射状伸展。叶子尖很尖锐地重叠在一起的样子像是有着锯齿形边的花朵一般。为了活用叶子尖端的阴影美，只选取长生草一种做成了一个有立体感的组合盆栽。种植的时候植株自然而然地从边框伸展而出，营造出一体感。也很推荐立起来装饰。

犹如白色的丝线卷起缠绕一般的蛛丝卷绢。在主植株的周围有很多的小植株。因为寒冷而染色的红叶也非常漂亮。

**【植物清单】**

A 大红卷绢
B 小红卷绢
C 蛛丝卷绢
D SPN-3
E 雪碧
F 迷你
G 黑暗女神
（都是长生草属）

**木质盒子的大小：**
15cm×20cm，高度 5cm

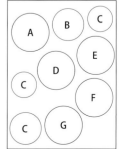

受欢迎的长生草和蛇尾兰，同类型的植物混栽到一起也更容易培育。

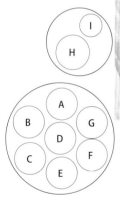

**【植物清单】**

A 小糖果
B 冰精灵
C 姬玉虫
D 锦龟深海白银
E 姬玉露
F 宇宙
G 紫丽殿
H 九轮塔
I 微米寿

**花盆的大小：**

（前面）直径 18cm，高度 9cm
（里面）直径 11cm，高度 4cm

## 收集心仪的蛇尾兰营造引以为傲的组合盆栽

如半透明的"窗户"般耀眼的感觉是多肉植物蛇尾兰独有的魅力，但是也有一些叶子比较坚硬的类型，这里种植的都是蛇尾兰。想要让每一株的形态都展示出来，所以要拉开间距进行种植。因为自然生长的蛇尾兰是躲在岩缝处生长的，所以它不喜欢阳光直射。

**专栏**

### 推荐使用多肉植物专用的培养土

多肉植物不需要太多的水分，所以只要使用市面上销售的排水性好的培养土，即便是初学者也能轻松打理。使用普通的园艺用培养土时，可以多加些赤玉土和鹿沼土，提高排水性。

# 一些常见的花材也能通过自然感垂吊式花篮来提升品位！

## 能轻松装饰的垂吊用挂钩

装饰垂吊式盆栽时比较推荐垂吊用的挂钩。只要找到栏杆、柱子等可以安装的地方进行固定，就能在喜欢的高度上观赏垂吊式盆栽。另外，挂在缠绕了玫瑰的圆拱上也是一个好主意。

利用多种花色和藤蔓植物的叶子来营造优雅感。

在漂亮的蓝色垂吊盆中，种植了条纹、重瓣、偏粉色等各种各样紫色系的矮牵牛花。因为这种垂吊式花篮只需要从上方种植，所以可以按照普通花盆的种植流程来操作。把藤蔓较长的观叶植物种到矮牵牛之间，这样垂落下来的感觉就会显得非常优雅。矮牵牛花5月份以后就会非常容易入手，这次是用了偏大的开花植株。

**【植物清单】**
A 矮牵牛 "蓝莓马芬"
B 矮牵牛 "甜蜜香草沉稳紫色"
C 矮牵牛 "甜蜜香草微笑紫色"
D 矮牵牛 "天之川"
E 粗毛矛豆 "硫黄之火"
F 白粉藤花环
G 茉莉 "桃色茉莉"

**花盆的大小：**
直径 25cm，高度 18cm

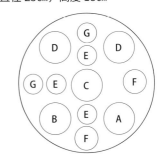

因为是夏天，所以选择了颜色有活力感的花。

用洁净、浓淡不同的紫色和热情的花色使心情和空间一举进入夏季模式。

以玫瑰色、橙色、黄色等热情洋溢的花色为主，有意地营造出具有夏日感的悬吊式盆栽。百日菊和蛇目菊花期都很长，可以一直开到秋天。用美国地锦和天门冬等观叶植物来营造出跃动感，整体更加热闹。炎热的季节经常会选择一些淡色系的花朵，但是偶尔也推荐使用一些这种活力感满满的花色。

**【植物清单】**
A 百日菊"丰花"
  （玫瑰色 2 株、橙色 2 株、黄色 1 株）
B 蛇目菊"大黄"
C 美国地锦"斑锦"
D 粗毛矛豆"硫黄之火"
E 天门冬"武竹"
F 蕾丝金露花"青柠"

**花盆的大小：**
直径 32cm，高度 10cm

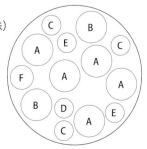

通过观赏温柔色系的
矮牵牛来冷静思绪！

**【植物清单】**

A 矮牵牛（白）

B 大戟"钻石星"

C 珊瑚铃"巴黎"

D 蜡菊"银雾"

E 常春藤"匹兹堡"

F 长叶百里香

G 千叶兰

**花盆的大小：**
25cm×17cm，高度 23cm

## 用白色和绿色搭配来让夏日充满凉爽感

以白色矮牵牛为主，配角选择了带有小花苞的大戟。在开缝式的花篮中位置摆放非常重要，所以先试着摆放作为主角的花株，之后再用观叶植物填补空隙。这次把像是珊瑚铃那种比较独特的观叶植物种到了很显眼的位置。整体的形状如果太圆的话，也会比较死板，所以把常春藤垂落下来，增加了流动感。

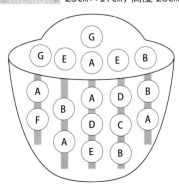

110

矮牵牛是奶油色系和绿色系的白花。用青柠色和偏白色的观叶植物来营造温柔的氛围。看起来好像是种植了很多苗株，但是实际使用的只有5株。使用大一点的开花植株，种植比较简单，也可以很快就能观赏到花朵。这个半圆形的花盆是只从上面进行种植的类型，所以为了从正面观赏时侧面不会太单调，在种植植株的时候要稍微带有一些角度。

带有奶油色系的温柔的矮牵牛"斯蒂芬妮"，一株就有这么大。

使用了植株较大的整体柔软温柔的垂吊盆栽。

【植物清单】
A 矮牵牛"斯蒂芬妮"
B 矮牵牛"香草青柠"
C 野芝麻"安格丽娜薇"
D 茉莉"菲欧娜日出"
E 鸡爪花

**花盆的大小：**
32cm×18cm，高度 18cm

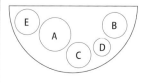

## 不张扬的植物通过剪枝维持一个漂亮的环形

集合了蓝色和青柠绿色的清爽壁挂盆栽。环形花盆的搭配窍门就是选择不会长高的植物。选择像是藿香蓟这种长势不会太乱的植株作为主角，当叶子和枝茎从花盆中伸展出来之后就进行修剪，以此来维持整体的形状。特别是中间的圆形不要被植物埋起来，要一直空着。

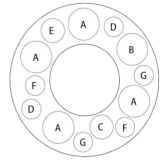

**【植物清单】**

A 藿香蓟
B 大戟 "钻石霜花"
C 锦紫苏 "奢华青柠"
D 忍冬草 "奥蕾雅"
E 海金沙
F 常春藤 "魔果"
G 甜藤

**花篮的大小：**
直径 28cm，宽度 9cm，高度 9cm

专栏

### 用泥炭藓和毛线来防止环形花盆中的土壤流失

为了花盆立起来挂到墙壁上时里面的土不流出来，要在环形的表面铺一层泥炭藓。并且在此之上用毛线进行缠绕就能更安心。为了缠绕的时候不过于显眼，要选择同色系的毛线。

为了更好地衬托花的颜色和形状，观叶植物的搭配也要注意！

**【植物清单】**
A 五星花"宇宙"
B 天竺葵"苹果乔一"
C 活血丹"欧活血丹"
D 常春藤"小绿菜"
E 大戟"钻石霜花"

**花盆的大小：(种植部分)**
27cm×14cm，高度 14cm
（距离上端 37cm）

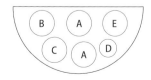

※ 壁挂台的制作方法，在
第 123 ～ 125 页进行介绍。

## 呈星形盛开的五星花清爽感十足的盆栽

边缘呈粉色的可爱五星花和垂落在前面的活血丹颜色搭配非常清凉。将高低错落的两株五星花前后交错，这是营造立体感的关键。中央部位较高，左侧用垂落的观叶植物来营造流动感和跃动感，右侧用大戟来增添轻盈感。因为它的生长非常旺盛，所以为了不遮盖住花篮，要注意修剪，保持它的形状。

让玄关成为花的家园，不只是家人，就连路过的行人也能被植物治愈。

※这个开缝式花篮的植物名称和种植图、种植方法在第116～117页介绍。

## 开缝式盆栽的植物种类要精简，不要选择太多

　　大家都熟知的秋海棠其实也是很适合开缝式盆栽的花。花开得很旺盛，植株也不容易乱，整体非常漂亮。植物生长比较显著的夏天，使用的植物种类越少，后续所要花费的工夫也越少。这次选择了5种，重瓣的品种和浓淡各异的粉色分布在整体，中间再加入一些大戟和观叶植物。对于初次尝试开缝的悬吊式盆栽的人来说，也很推荐这种植物选择。

非常清爽的银边翠，将蓝色和淡紫色的花优美地连接起来，产生了一体感。

浓淡各异的蓝色小花和富于流动感的朝雾草营造出清凉感。

**【植物清单】**

A 常春藤"吹雪"
B 蝴蝶草"卡特琳娜冰川"
C 银边翠
D 马蹄金"银瀑"
E 蓝星花"蓝色珊瑚"
F 薄荷灌木"奇迹星"

花篮的大小：(种植部分)
25cm×15cm，高度35cm

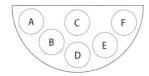

这个花盆使用了让人感受到水一般的蓝色系花朵，暑气仿佛也被缓解了一般。从中央垂落的朝雾草像是瀑布一样，清爽十足。银边翠绿色的叶子边缘有着白边，是非常推荐的一款能够让人有清凉感的观叶植物。花和叶子都是旺盛生长的类型，所以每个月修剪一次来维持它的形状吧。

# 让秋海棠更美丽!
# 开缝式花篮的种植方法

　　第114页介绍了可以充分享受夏日感的开缝式悬吊花篮。秋海棠对夏季的适应性很强,也是大家很熟悉的植株,这次使用了7株秋海棠,制作了一个华丽的悬吊式花篮。

**准备物品**

开缝式花篮(25cm×17cm,高度23cm)、培养土、培土工具

苗株

A1 秋海棠"重瓣 淡粉"4株

A2 秋海棠"重瓣 玫瑰"3株

　B 大戟"钻石霜花"2株

　C 粗毛矛豆"硫黄之火"2株

　D 白粉藤花环1株(分成4株)

　E 常春藤"可乐"1株(分成2株)

花篮的大小:25cm×17cm,高度23cm

**①** 在花篮的开缝处,从内侧粘贴附带的海绵,在表面的粘黏部分抹上土(这样会更好种植)。

**②** 加入培养土到开缝的下端,然后将常春藤分成2株(照片左上),其中一株种到中央开缝处的最下方。

**③** 在常春藤左右相邻的开缝处分别加入秋海棠。

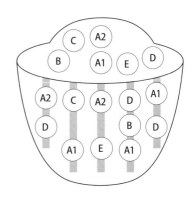

**④** 然后在最边上的开缝处(两侧),分别种入事先分成4株的白粉藤。这样侧面下端的种植就完成了。

**⑤** 加入培养土直至卜端的苗株看不见为止。

**专栏**

## 推荐把海绵粘贴到开缝部分较高的位置上

这种开缝式花篮不只可以从上面进行种植，还可以从开缝处进行种植。花篮配有可以覆盖开缝部分的粘黏海绵。粘贴的时候让海绵略微高于花篮的高度，这样就可以防止浇水的时候土壤流出。

**6** 继续种植侧面上端的苗株，和下端一样种到开缝处。

**7** 侧面的种植完成。最理想的是可以沿着开缝处的圆弧种植苗株。

**8** 继续种植上面的苗株。要注意与侧面之间不要有分界，种植苗株时让整体带有圆润感。

**9** 最后种植上面右侧的白粉藤，让较长的藤蔓垂落到侧面，这样整体更加自然。

**10** 种植完成之后调整伸展出去的花和藤蔓，整体营造出圆润感。最后浇水就完成了。

让组合盆栽更有乐趣

# 要了解的基础知识

我为大家介绍一下制作更漂亮的、可以观赏更长时间的组合盆栽所要了解的要点。
当您烦恼不知如何做的时候，希望这一页能对您有所帮助。

## 基础组合盆栽的种植方法

制作组合盆栽时所必需的物品、选择花苗和花盆时的思维方法、实际种植时的顺序，我将以79页中介绍的金光菊的组合盆栽为例逐一进行介绍。

**【准备物品】**

A 金光菊 "撒哈拉"
植株比较高，所以承担了决定组合盆栽整体形态的作用

D 珊瑚铃 "枫糖软糖"
彩色叶子，是花的衬托

B 苦马豆 "白天鹅"
与A一起成为主干，起到了增添跃动感的作用

E 常春藤 "塞浦路斯"
衬托花色的同时，为组合盆栽营造了跃动感

C 金光菊 "丹佛戴斯"
吸睛的主角

花盆

盆底石

培土工具

肥料

作为基肥的缓释型颗粒肥

盆底网

园艺用营养土

### ● 苗株选择的要点

从4~5株苗株开始比较容易操作。把组合盆栽的主干，比较高的植物摆放到后方，前面种植一些吸睛的主角，侧面选择衬托花朵的观叶植物，这样整体会更加统一。

### ● 花盆选择的要点

种植4~5株苗株时，花盆尺寸选择6号（直径18cm）以上会更易于栽培，此处我使用的是8号（直径24cm）的花盆。比较高的植株，高度在花盆高度的1.5~2倍，整体的平衡感会更好。

※ 决定好植物的位置之后再开始种植。
※ 这次按照 ABDCE 的顺序进行种植。

## 【种植方法】

**1** 在盆底的开孔上铺上盆底网。加入盆底石到花盆 1/5 的深度。

不要在根盆上加土，这样会造成植物易生病

**5** 花盆的后方中央放置有高度的金光菊"撒哈拉"（A），放置的时候要注意调整它的朝向。在周围加入营养土，培紧实。种植其他苗株的时候也同样操作。

**9** C 的右侧种植常春藤（E）。让它垂落到前面，种植的时候稍微向下倒一些是看起来更自然的小窍门。

**2** 加入营养土。确认好种植苗株的高度和浇水空间（约 2cm/ 参考第 120 页），再调整营养土的高度。

**6** A 的右侧种植苦马豆（B）。调整 B 的朝向，使其与 A 的枝条缠绕在一起，这样更有自然感。

**10** 在花盆的周围和 E 之间的缝隙处加土，轻轻地用手指按压，凹陷下去的地方继续加土。

**3** 按照包装袋上写的规定用量添加缓释型颗粒肥作为基肥，与营养土轻柔地拌匀。

**7** A 的前面左侧种植珊瑚铃（D）。种植的时候稍微倒向花盆的边缘，这样与花盆之间更有一体感。

完成！

揉搓后可以更快地与新土壤融合

**4** 从盆中取出花苗（照片中的是金光菊"撒哈拉"），双手拿住根盆轻柔地揉搓。如果根部已经盘成一坨，要轻轻地分开。如果有黄色的枯叶，也要去除。

**8** 前面中央的位置种植作为主角的金光菊"丹佛戴斯"（C）。转动植株，找到看起来更漂亮的角度再种植。

**11** 观看整体感觉，调整枝茎和藤蔓，使其互相缠绕。最后充分浇水。

盛夏的时候要避开阳光直射，所以要找到一个明亮的有半日阴凉的地方。

# 更好地培育组合盆栽的基础知识

接下来我为大家逐一介绍，对植物来说舒服的放置场所，想要让花朵不断开放所需的浇水、花瓣打理、追肥、剪枝等事项。

## ● 放置场所

一般来说，放在光照和通风比较好的地方，生长得会更好，但是光照较强的夏天，还是推荐屋檐下等明亮的有半日阴凉（左图）的地方。梅雨或是秋季雨季较长的时候会很闷热，容易生病，所以屋檐下会比较好。冬天白天充分地接触日光，傍晚之后为了防止霜冻，所以要搬到屋檐下。

**平时浇水**

## ● 浇水

土壤彻底干燥之后再浇水。拿起花盆如果觉得比较轻，那就是干燥的信号，可以以此作为浇水的标准。拿下浇水壶的喷嘴，让水充分地浇到土壤上，给水量要充足，直到盆底开始有水流出为止。种植完成后，安上喷嘴向叶子上整体洒水，这样也可以把叶子上面沾到的土洗干净。

**种植完成后**

浇水空间

### 浇水空间指的是什么？

为了浇水的时候土不从花盆中流出，所以要在花盆的边缘和土的表面预留出大约2cm的空间。这个就叫作浇水空间。

种植的时候为了确保浇水空间，所以要调整花盆里培土的量。

## ● 花瓣打理

盛开完的花有时候会发霉和闷热，所以不能放置不管，必须要及时剪掉。修剪花瓣的时候要从花茎的杈根处剪下。这样杈根部位的腋芽就会生长开花。像是百日菊这种花心是黑色的花朵，如果放任不管就会显得整体都脏，勤修剪一些就会看起来更漂亮。

百日菊的花瓣修剪。

蓝盆花的花瓣修剪。

颗粒状的固体废料，可以按照规定用量分放在花盆的多个点位。

## ● 追肥

每个月按照规定用量施一次缓释型颗粒肥。如果是液体肥料，就在浇水的时候按照规定用量溶在水中，每7～10天施一次。通过施肥，花会开得更好，也会让叶子变得更加艳丽。特别是不断开花的三色堇、角堇和矮牵牛效果非常好。

---

专栏

### 把旧物当成花盆使用时要做的准备

用旧物代替花盆来使用，这样组合盆栽的乐趣也会翻倍。如果是铁皮制的类型，就可以在底部开孔用于排水。如果是铁丝桶这种土壤会流出的类型，就要用棕榈纤维把孔眼盖上，也可以作为悬吊盆使用。

棕榈丝用手撕扯成平板状。

用钉头较粗的钉子抵在底部，用锤子开孔。

铺完底部之后再沿着侧面铺。

## ● 剪枝

　　组合盆栽在制成两个月以后，植物的生长就
会破坏整体的平衡。这时就要进行彻底的修剪，
这样还能促进再次发芽。

整体植物都生长得十分旺盛，作为主角的矮牵牛没有活力。
植物分别是矮牵牛、忍冬草、常春藤。

修剪成为小山状的圆形。过两周之后，就会再次开花。

### 【剪枝方法】

**1** 把矮牵牛的高度修剪到一半。决定好修剪的位置之后，都按照统一高度进行修剪。

**3** 常春藤从长得比较长的枝茎开始修剪，观察整体的平衡。剪的时候要从枝茎的杈根处剪断。

**5** 按照规定用量使用缓释型颗粒肥，促进植物生长。

**2** 边转动花盆，边修剪矮牵牛，这样整体形状会更圆。忍冬草修剪的时候要比矮牵牛留得长一些。

**4** 要将变成褐色干枯的矮牵牛的叶子和枝茎剪掉。观察其杈根部位，就会发现有腋芽发出。

# 壁挂台的制作方法

本书的第31页、88页、113页中也有使用"Flora黑田园艺"独创的"壁挂台"。放到玄关等地方的花环式花篮或是悬吊式花篮，都能够营造出优美的景观。

钉螺丝的位置可以自由改变，也可以挂两个小的悬吊式花篮作为装饰。

## 【使用木材(长×宽×高)和螺丝】

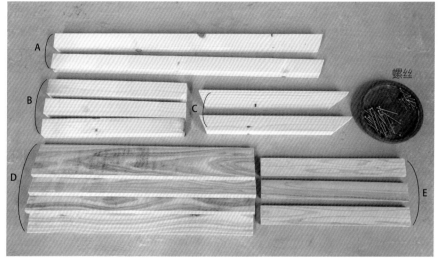

壁挂台完成尺寸
420mm×290mm×720mm
（宽度 × 深度 × 高度）

A 边框、竖向（720mm×40mm×30mm/ 长边的单侧倾斜切割）2 根
B 边框、横向（360mm×40mm×30mm）3 根
C 支柱（390mm×40mm×30mm/ 长边的两侧倾斜切割）2 根
D 背板（534mm×90mm×15mm）4 片
E 支撑板（360mm×45mm×15mm）3 片
螺丝 60mm 28 根、25mm 16 根
※ A~C 使用的是红松木，D 和 E 使用的是杉木。

12mm

18mm    50mm

【准备工具】
· 电动钻头
· 砂纸（#100 左右的较粗的砂纸）
· 尺子
· 圆珠笔
※ 刷漆时
· 水性油漆
· 水桶

※ 木材会因为湿度而产生伸缩，所以有时候会有 1~2mm 的误差。不能严丝合缝的时候，就用砂纸打磨进行调整。

## 【钉螺丝时的基础操作方法】

**1** 做好标记
螺丝一般要钉在埋钉木材（下侧）的宽度中央线上，距离上侧的木材边缘 1~1.5cm。用尺子测量长度，在想要下钉的地方做好标记。

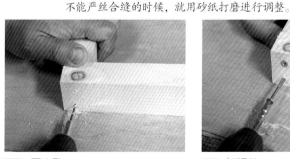

**2** 开小孔
在钉螺丝之前先打一个小孔会更好操作。装一个比螺丝直径小一些的钻头，在想要钉螺丝的木材（下侧）上轻微地开一个小孔。

**3** 钉螺丝
把螺丝放到 **2** 的小孔中，把螺丝抵在钻头尖端。为了不让木材串动，所以要用另一只手用力地压住木材，然后垂直钉入。

## 【制作台框】

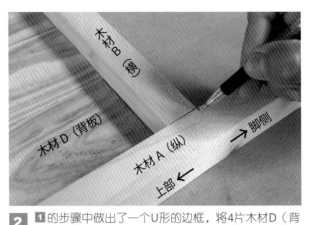

**1** 把木材A平坦一侧的上端与木材B的一端相连。使其牢固地固定在一起，在B的中央线上，距离A的上下端1cm处打入2根60mm的螺丝。另一根A也同样操作。

**2** **1**的步骤中做出了一个U形的边框，将4片木材D（背板）纵向排好，在下面将木材B放好，在横框（下侧）的标记处放上木材A。之后再拿下背板，在标记的地方和**1**同样在木材B的两端分别钉入两根60mm的螺丝。外框完成。

## 【安装支撑板】

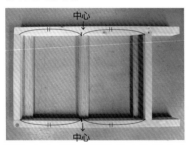

**3** 在完成的外框的纵向边框（A）的中心做标记。3片木材E（支撑板）分别放到上侧、下侧，还有做标记的中心。

**4** 把木材E（支撑板）按牢在横向边框上，然后从纵向边框（A）一侧钉入2根60mm的螺丝进行固定。

**5** 3片支撑板（E）固定到纵向边框（A）之后的样子。

## 【制作支撑腿】

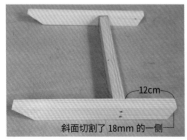

**6** 在距离木材C（支撑腿）的边缘（斜面切割了18mm的一侧）12cm的地方做标记，用两根60mm的螺丝固定木材B，另一侧也是同样进行固定。

## 【把支撑腿安装到边框上】

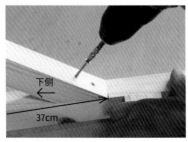

**7** 在竖向外框下端37cm的地方做好标记，将**6**中制作的支撑腿的上端（斜面切割了50mm的一侧）按压好，然后斜着钉入2根60mm的螺丝。另一面也是同样地钉入螺丝进行固定。

**8** 支撑腿的下端（与地面接触的一侧）4根腿用砂纸进行打磨。防止因为与地面之间的磨损导致木材出现裂纹。

**【安装背板】**

**9** 在外框上装完支撑腿。如果不稳定、晃动，就用砂纸打磨使其稳固。如果想要像右下的范例那样刷成双色，就要在这个时间点涂水性油漆。

**10** 把4片木材D（背板）摆放到框架中。如果有缝隙，就进行调整使其平均。

**11** 用25mm的螺丝把木材D（背板）逐一固定。因为钉入螺丝的时候木板会移动，所以每一片背板的两侧都先固定一处后，一边调整，一边固定下一块板。中央的支撑板可以不钉螺丝。

**12** 把想要装饰的悬吊式花盆放到壁挂台上，决定好作为挂钩的螺丝（材料之外）的位置后进行固定。这样壁挂台就完成了！

背面也设计得非常清爽。这样制作悬吊式盆栽来装饰应该会更开心。

## 完成!

### 涂上喜欢的油漆颜色来观赏吧

本书的第31页、113页出现的壁挂台，背板是自然色系，边框涂成了其他颜色，因为想要做成这种双色，所以就要在工序9的时间点刷漆。如果整个壁挂台都想用一种颜色，那么也可以等到全部组装完成之后再刷漆，也可以根据季节和花朵的不同重新刷成其他颜色。

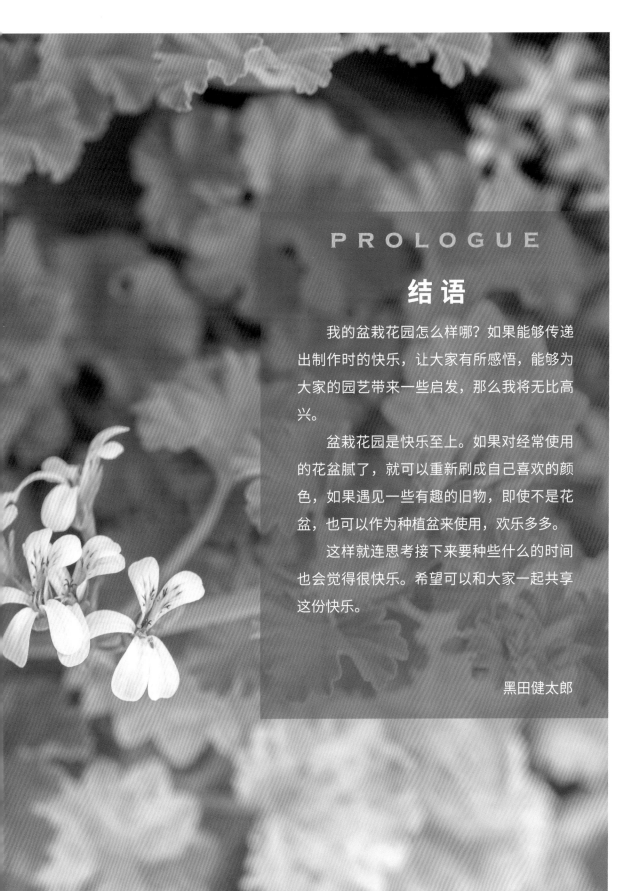

## PROLOGUE

# 结 语

我的盆栽花园怎么样哪？如果能够传递出制作时的快乐，让大家有所感悟，能够为大家的园艺带来一些启发，那么我将无比高兴。

盆栽花园是快乐至上。如果对经常使用的花盆腻了，就可以重新刷成自己喜欢的颜色，如果遇见一些有趣的旧物，即使不是花盆，也可以作为种植盆来使用，欢乐多多。

这样就连思考接下来要种些什么的时间也会觉得很快乐。希望可以和大家一起共享这份快乐。

黑田健太郎

黒田健太郎のコンテナガーデン
© Kentaro Kuroda 2023
Originally published in Japan by Shufunotomo Co., Ltd.
Translation rights arranged with Shufunotomo Co., Ltd.
Through Shanghai To-Asia Culture Co., Ltd.

© 2024，辽宁科学技术出版社。
著作权合同登记号：第 06-2024-70 号。

**图书在版编目（CIP）数据**

容器里的小花园 ：四季组合盆栽设计与种植 /（日）
黑田健太郎著 ； 朱悦玮译. -- 沈阳 ：辽宁科学技术出
版社，2025. 2. -- ISBN 978-7-5591-3814-9

Ⅰ. S68

中国国家版本馆CIP数据核字第202452DL61号

出版发行：辽宁科学技术出版社
　　　　　（地址：沈阳市和平区十一纬路25号　邮编：110003）
印 刷 者：辽宁新华印务有限公司
经 销 者：各地新华书店
幅面尺寸：182mm×257mm
印　　张：8
字　　数：180千字
出版时间：2025年2月第1版
印刷时间：2025年2月第1次印刷
责任编辑：李　红
封面设计：周　洁
版式设计：李天恩
责任校对：韩欣桐

书　　号：ISBN 978-7-5591-3814-9
定　　价：68.00元

联系电话：024-23280070
邮购热线：024-23284502
E-mail: 1076152536@qq.com